JN169436

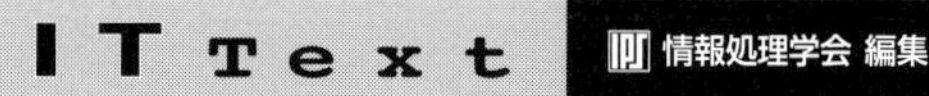

画像工学

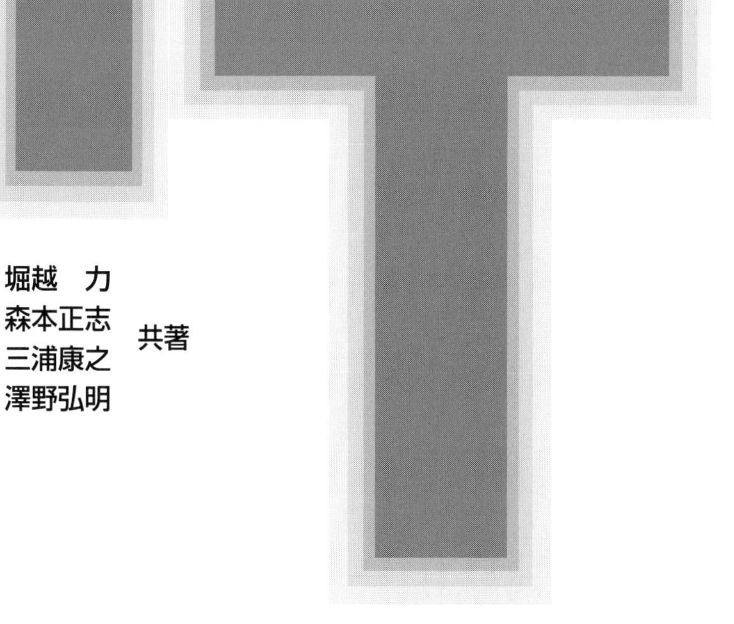

堀越　力
森本正志
三浦康之
澤野弘明
共著

はしがき

われわれが日常使っている電子機器のなかには，さまざまな画像処理技術が使われている．例えば，デジタルカメラの顔検出，スマートフォンのさまざまなアプリケーション，写真・動画共有サイトの画像編集，映画・TV 番組の映像合成，監視カメラの不審者検出，医療診断，自動車の運転支援機能（自動運転や周辺モニタなど）など，画像処理が使われている場所は多種多様で，分野も非常に多岐にわたる．画像処理は非常に身近な技術であるが，これらの技術の難しさを理解している人は，それほど多くはないであろう．なぜならば，人の視覚機能が非常に優れていて，そういったこと（処理）が実現できることが当たり前と思っているからである．

本書は最初に，人の視覚機能とカメラの機能を比較し，その類似性，優位性を明らかにする．次に，視覚機能をコンピュータで実現するために必要な具体的な処理方法を解説し，身近な画像処理技術を理解することを目指している．ただし，現在世の中で使われている画像処理技術を網羅することは考えず，基本的な画像処理技術のみに絞って解説を行っている．本書の前半は，デジタル画像の特徴，画像処理の前処理といわれるフィルタ処理，二値化処理などのプログラミングの方法を解説する．次に，画像特徴をどのように抽出するか，代表的な特徴抽出手法について解説する．後半は，それらの具体的な応用事例を紹介する．

実際に自分で画像処理プログラムをゼロからつくることは非常に面倒であるが，現在普及している画像処理ライブラリ（OpenCV）を利用することでかなり高機能の画像処理を手軽に実装することが可能となっている．そこで，各章では，最初に基本的な技術の解説において，その技術をどのようなアルゴリズム（処理ステップ）でプログラムを構成すれば良いのかを簡単なサンプルプログラムで解説し，最後に OpenCV の関数を使った場合の利用方法を解説している．

本書では，理想的な撮影条件を前提に解説を行っている．実際は，カメラの特性，撮影時の照明環境，対象物の大きさ，動きの状態など，さまざまな要因（外乱）がある．そのため，思うような結果が得られないことも多い．読者の皆様は，ぜひ自分でプログラムを組み，実際の画像に対して検証をして欲しい．人間の視覚機能が如何に素晴らしく，高機能・高性能であるかを改めて感じることができることと思う．

2016年11月

著者らしるす

目次

第5章　二値画像処理

第6章　画像の空間周波数解析

第7章　特徴抽出

第8章　画像の幾何変換

第9章　動画像処理

第1章

視覚と画像

近年，カメラの小型化・高機能化・高性能化は著しく，様々な形態のアクションカメラや，各種ウェアラブルデバイスに搭載したカメラなど，カメラの種類・利用形態は多様化している．そして，従来のようなカメラを構えて撮影するのではなく，様々なシーン，瞬間で，見たままを手軽にカメラ撮影できるようになった．そのため，画像を扱う機会はますます増加している．

本章は，最初に人の視覚とカメラを機能面で比較し，双方の類似性を解説する．そして，カメラ画像がどのような場面・分野・用途で使われているかを概観し，画像処理技術が応用範囲の非常に広い技術であるかを述べる．

1.1 人間の眼とカメラ

環境を認識するために眼は非常に重要な役割を担っている．ロボットの場合は，眼の役割はカメラが代行している．ヒト型ロボットや工場の組立ロボットなどの種類に関係なくカメラの用途は同じであり，モノを認識することである．カメラでモノを認識するとは，まず，対象のモノを撮影し，その撮影された画像をコンピュータで解析して，「モノが何かを認識する」ことになる．この「モノを認識する」ための基礎となる技術が画像処理技術である．そこで，本節では，最初にヒトの眼とカメラの機能面を比較し，類似点，相違点を明らかにする．

1．眼の構造・カメラの構造

人間の眼の基本構成は，水晶体と網膜，そして瞳（瞳孔）である．図1.1に示すように，水晶体はレンズの機能をもち，水晶体を通過した光は，網膜に結像する．網膜は光センサの役割をなし，網膜に到達した光を検知することで像の情報を得ている．また，水晶体の厚みが変わることで目のピント位置が変わる．一方，カメラの基本構造は，レンズと撮像素子，絞りとシャッタで構成される．カメラのレンズを通過した光は，撮像素子（あるいはフィルム）に結像し，記録される．そして，レンズと撮像素子との距離を変えることでピントを合わせる．

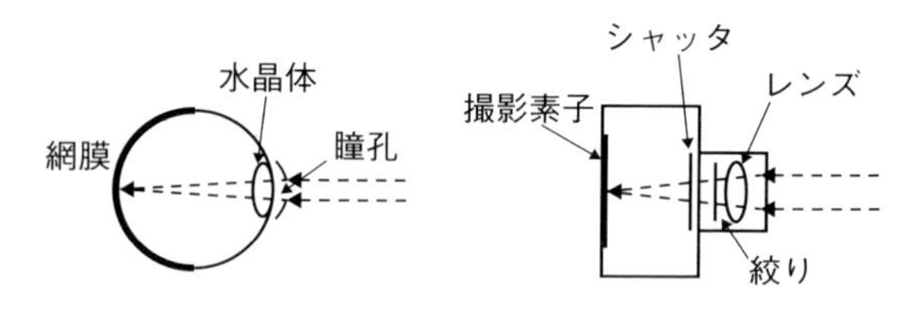

図1.1　眼とカメラの基本的な構造

また，ヒトの眼の瞳は，明るい環境では瞳孔が小さくなり，暗い環境では，瞳孔を大きくしてできるだけ多くの光を取り込もうとしている．カメラの場合，この瞳に対応する機能が，レンズの絞りの機能である．

このように，眼とカメラの構造は非常に類似していることがわかる．

2．目の機能・カメラの機能

次に，眼とカメラの違いを機能面で比較してみよう．

(a) 視野角

視野角とは一度に見ることができる範囲であり，カメラの場合は画角とも呼ばれる．人の視野角は（両眼を使うことで）180度程度あるといわれている．一方，カメラの場合は，近接撮影，広角撮影，望遠撮影など，用途に合わせてレンズを変えることで視野角を変えることができる．さらには，魚眼レンズや360度カメラを使うことで，人間の視野角以上の範囲を一度に撮影することもできる．このように，カメラはレンズを取り替えることで人間の目以上の機能をもつことができる．

(b) 色

網膜上に分布している視神経は，3種類の異なる波長に感度を持つ錐体と呼ばれる視細胞が存在する．この三つの感度の高い波長が，赤（R），緑（G），青（B）に相当し，いわゆる光の三原色を構成する．デジタル画像がRGBで構成されているのは，人間の視覚特性に合わせているからである．

一方，カメラに搭載されている光学素子は，通常はヒトが知覚できるRGBの波長帯を検知する素子を用いる．また，可視域外の波長帯を検知するセンサ素子を使うことで，例えば近赤外の波長帯の情報を撮影（検知）することもできる．温度分布を撮影できるサーモグラフィや衛星画像などでは，これら可視域外の波長を撮影した画像を用いることになる．

(c) 感度（ダイナミックレンジ，明暗）

人間は明るさに順応して眼の感度を変えることができる．そのため暗い環境であっても，明るい環境であっても意識せずに物を見ることができる．これは，視神経の中に桿体と錐体と呼ばれる2種類の異なる感度をもつ視細胞があるためである．つまり，人間の目は，明るさに順応して物体を見ることができるため，撮影対象の輝度のダイナミックレンジはかなり広い．一方，カメラの明るさに関する感度は，通常固定しているため，撮影対象に応じて，感度を切り替えて撮影しなければならない．

(d) シャッタスピード

スポーツ選手のように動体視力が優れていれば高速に移動する物体を見ることができるが，通常の人間はそうはいかない．一方，カメラは，シャッタスピードを変えることができる．シャッタスピードを上げることで，人間では捉えられない瞬間の映像を捉えることができる．スローモーションなどは，シャッタスピードを高速にして撮影し，再生時はフレームレートを遅くしている．

以上のように，人間の目とカメラは，かなり類似した機能を有し，それぞれ固有の特長を有している．特に，カメラは目的に応じて機能を変えることで，人の眼が検知できないような様々な情報を取得することが可能である．

1.2　画像と処理

現在，画像処理は至る所で使われている．デジカメの顔認識，監視カメラ，工業用ロボットなどは，すでに広く普及している．これらは，カメラで撮影された画像から対象物を認識する目的が主である．近年は，その用途も拡大し，様々な分野・シーンで利用されている．

以下に主な例をあげる．

(a)　画像の共有，SNS

SNS：Social Networking Service

スマホおよびSNSの普及に伴い，いつでも，どこでも写真を撮って，SNSへ投稿することが当たり前の時代となった．画像をネット上に投稿する際に，画像を編集したことがある読者も多いことであろう．この編集処理には様々な画像処理が含まれている．例えば，写真をセピア色にしたり，コントラストを変えたりする処理は，階調変換・色変換処理が行われている．また，写真のノイズを取り除く処理にはフィルタリング処理が使われている．

(b)　顔認識

近年のデジカメや監視カメラでは，顔認識が重要な役割を担っている．人間の顔は，目・鼻・口などという顔の構成要素というレベルでは皆同じである．顔認識は，この顔の構成要素の特徴を検出している．そのために，顔の大まかな特徴を利用し，画像のどこに顔があるかを探索し，顔の領域に対して，目・鼻・口などの特徴となる構造を解析している．このような顔領域の抽出には，二値化処理や階調変換，微分処理などの基本的な画像処理が使われている．

(c)　自動車の自動走行

自動車の自動走行では，運転者の目に相当する機能をカメラが代行し，道路の白線の位置や障害物などを高速かつ高精度に認識している．そのために，二値化処理・微分処理で白線を抽出し，ハフ変換で白線を直線として理解するなどの処理が行われる．また障害物に対しては，動画像から特定の動きを識別する動画像処理が使われている．

(d) バーチャルリアリティ，拡張現実感

VR：Virtual Reality

AR：Augmented Reality

バーチャルリアリティ（VR）とは，ユーザが仮想世界の中に実際に入り込んだ体験を得ることができる技術である．拡張現実感（AR）は，現実に見えている物体にCGの仮想物体を重畳表示し，仮想物体が実際にあるような体験を得ることができる技術である．このようなVR/ARの実現には，現実空間の物体の動きや形などを正確に読み取る必要がある．動きの検出には，対象物の3次元計測や動物体検出が基礎となる．また，ARでは，現実空間の中にCG物体を表示するための3次元空間とカメラ画像の対応付けや照明状態の認識などが重要な役割をなしている．

(e) 映像編集・映像制作

スポーツ中継の中で，スポーツを解説するためのさまざまな情報をフィールドに重畳表示した映像を見る期会は多い．このような映像合成処理はニュース映像やTV番組，映画などで頻繁に使われている．これらの基礎となる技術が，二値化処理やフィルタリング処理，幾何補正，3次元画像処理などである．

(f) 3D写真，距離計測

空間認識や障害物検知などでは，3D計測が重要な役割を担う．3次元計測の方法としては，二つのカメラを使ってステレオ撮影する方法と，複数のカメラ画像を用いて3次元情報を取得する方法がある．この場合，複数の画像を対応づける処理や，画像の歪みを補正する処理などが使われる．また，単眼のカメラ画像を使って3次元情報を得る手法では，画像に写っている物体を認識するためにフィルタリング処理，二値化処理，特徴点抽出の処理などが使われる．

演習問題

問 1　画像処理が使われていると考えられているアプリケーション，サービス，デバイス機器，コンテンツをあげて，どのように使われているか話し合ってみよう．

第2章

デジタル画像

本章では，デジタル画像に関する基本的な知識と処理について学ぶ．はじめに，身の回りに多く存在しているデジタル画像が用いられる場面を学んだ後，具体的なデジタル画像の構造である解像度・高さ・幅・階調および画素に関して理解する．また，実際の画像処理方法に関して，プログラムを通して学ぶ．次に，デジタル画像を入力・作成するための標本化・量子化について理解する．続いてデジタル画像の統計処理として，画像の傾向をもつ古典的な表現方法の一つである輝度ヒストグラムについて学習する．輝度ヒストグラムを利用した変換処理として，色変換や輝度画像作成に関して学ぶ．

2.1 デジタル画像とは

1．デジタル画像はどこで用いられているか

前章では視覚と画像の関係について解説を行った．これからの章では，コンピュータをはじめとするさまざまなIT機器が取り扱う，デジタル画像を対象に解説を進める．

デジタル画像：
digital image

デジタル画像は，どこで用いられているのだろうか．例えば，人々が常日頃目にしているテレビや携帯機器の画面には，デジタル

画像が出力されている．街並みや店内ではポスターの代わりにデジタルサイネージを多く見かけるようになったが，その出力もデジタル画像である．レジャー施設や観光地などで見かけるようになったプロジェクションマッピングも，プロジェクタから出力されている情報はデジタル画像である．図 2.1 はデジタル画像を出力する機器の例である．図 2.1 左はデジタル地上波を受信・表示するテレビであり，右は街中に設置された巨大なデジタルサイネージである[1)2)]．

図 2.1　デジタル画像出力機器の例

一方，デジタルカメラやスマートフォンを用いて人や風景の写真を撮影する機会が増えている．デジタルカメラの素子は色や明るさの情報を取り込み，機器内でデジタル画像を作成している．作成されたデジタル画像は，写真として印刷されることもあれば，SNS などで公開されることもある．またイメージスキャナを用いれば，印刷物をデジタル画像として入力することができる．このデジタル画像をもとに，電子出版のための書籍データが作成されることもある．物体の形状を 3 次元画像（距離画像）として入力するための機器も出現しており，デジタル画像の範疇は広がっている．図 2.2 はデジタル画像を入力する機器の例である．図 2.2 左はデジタルカメ

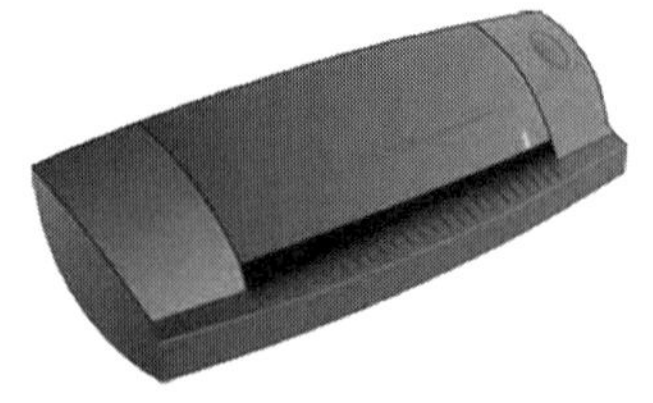

図 2.2　デジタル画像入力機器の例

ラ，右はイメージスキャナである．このように，デジタル画像やその入出力機器は身の回りにあふれているといえる．

2. デジタル画像の構造と解像度

ポスターや絵画などの印刷物や，映画フィルムに映っている内容も画像の一種であるが，それらをデジタル画像とは呼ばない．では，デジタル画像は通常の画像と何が違うのだろうか．それは，様々なデジタル処理を実施するために，デジタル画像がアナログ画像にはない形式や情報をもっている点である．本節ではこれらをまとめて，デジタル画像の構造と呼ぶことにする．図2.3は，デジタル画像がもつ構造のイメージを表す．

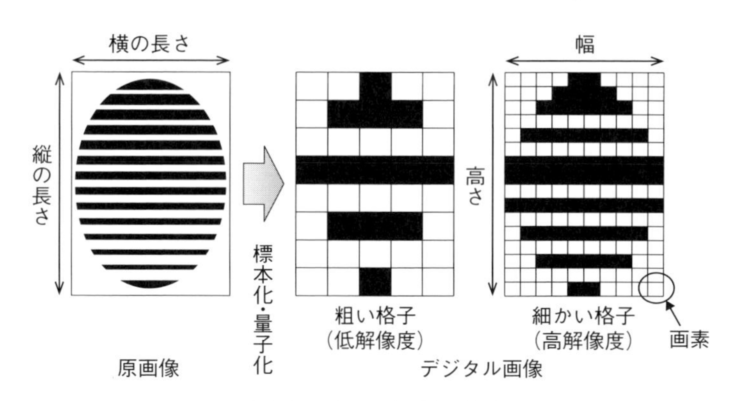

図2.3 デジタル画像の構造

解像度：resolution

画素：pixel

デジタル画像は画像全体を格子状に分割して表現する．図2.3にはさまざまな用語が書かれているが，はじめにデジタル画像の解像度を説明する．解像度とは，画像を表現する格子の細かさのことである．解像度が高いと，この格子サイズが細かくなり，その結果として画像をより詳しく表現することができる．右に行くほど解像度が高く，原画像を精彩に表現できることがわかる．デジタル画像はこのような格子の集合で表され，格子一つ一つがデジタル画像を表現する際の最小要素となる．この最小要素を画素と呼ぶ．また，縦および横の画素個数（画素数）をデジタル画像の高さおよび幅として表すことが多い．

デジタル画像に関連する解像度には，二種類の表現がある．一つは，実際に印刷・表示された画像の縦横長を画素数で割った値であり，一例としてピクセル・パー・インチ（ppi）が用いられる．もう一つは，印刷・表示機器がその画像をどの程度精彩に表現可能かを表す物理的な量である．1インチの長さあたりを何個の物理的な点（ドット）の集合で表現できるかを示し，一般にドット・パー・インチ（dpi）が用いられる．前者と後者の関係は，1画素を何個のドットで表現できるかによって定まる．また，前者の解像度はデジタル画像入力時の標本化処理などにより定まる（2.2節参照）．

3. 画素と色

画素は，それぞれの格子位置における画像の色情報をもつ．それぞれの画素がもつ色情報が集まることで，画像として表現される．

画素は色情報をどのようにもっているのだろうか．色情報にはさまざまな表現方法があり，詳しくは2.4節を参照されたい．ここでは，第1章で解説した光の三原色であるRGBを用いたRGBカラー画像と，色のないモノクロ画像を例にあげる．

チャンネル：channel

RGBカラー画像の場合，各原色である赤・緑・青3種類の情報を画素がもつことになる．一方モノクロ画像の場合には，色情報の代わりに輝度1種類（白黒）の情報を画素がもつ．画素が何種類の情報をもつかを，チャンネルという用語で表す．RGBの場合は3チャンネル，モノクロ画像の場合は1チャンネルとなる．図2.4は，RGBカラー画像のチャンネルに関するイメージ図である．各画素

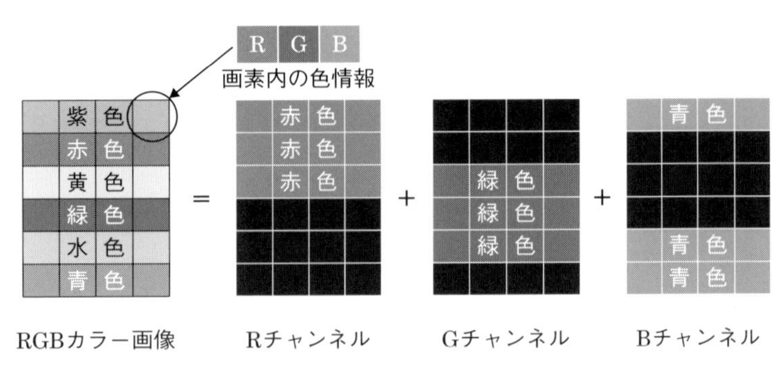

図2.4　画素内の色情報とチャンネル

にRGB3種類の情報が格納されている．一方，図のように赤・緑・青3枚のチャンネル画像が集まっているように考えることもできる．例えば一番上の4画素は，Rチャンネル（赤）とBチャンネル（青）に情報をもっているため，紫色を表現することができる．

次に，各チャンネルでどのような情報をもっているかを説明する．各チャンネルは，担当する色がどの程度の強さなのか（例えば赤みが強いなど）を表し，各チャンネルがもつ値によって決まる．通常は各チャンネルの値が大きければその色味が強く，小さければ弱いことになる．モノクロ画像（1チャンネル）の場合には，輝度（明るさ）を表すことになる．この値を何段階に分けて表現するかを示す用語を，階調と呼ぶ．画素の各チャンネルにどれだけの情報表現枠（情報量，具体的にはビット数）を与えるかで階調が定まる．図2.5は，モノクロ画素1チャンネルに8ビットを与えた場合の，値と輝度情報との関係例を表す．この場合，画素は$2^8=256$階調を表現できる．8ビットすべてが0の場合は最も暗く，すべて1の場合は最も明るい．このようなデジタル画像の階調は，デジタル画像入力時の量子化処理などにより定まる（2.2節参照）．

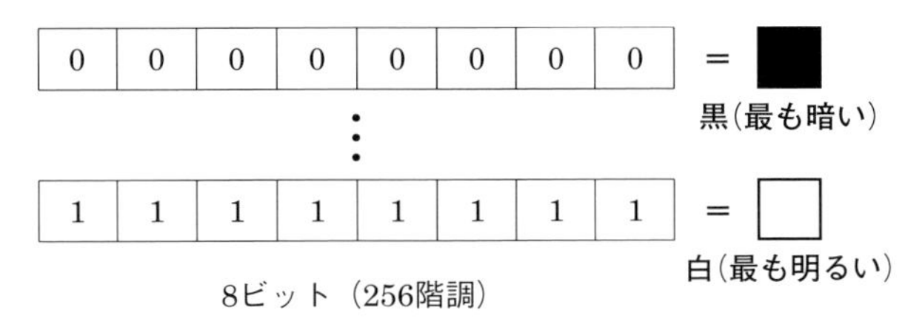

図2.5　画素の値と明るさ情報の関係例

RGBカラー画像の場合，各チャンネルに対して8ビットを割り当てることが多い．この場合，各色で2^8（=256）階調を表現でき，全体としてはRGBそれぞれ256階調であるから，$256^3=16\ 777\ 216$色を表現できることになる．各画素は8ビットで表現され，3チャンネル合計24ビットで色情報を表現することになる．図2.6は画素の情報構造と，画素各チャンネルの値により表現色が変わる様子を表している．図2.6中段は，RチャンネルとBチャンネルが最大値（255）をもち，結果として紫色を表現する．一方図2.6下段は，

Ｒチャンネルとチャンネルが小さな値（15）をもち，結果として黄土色を表現する．

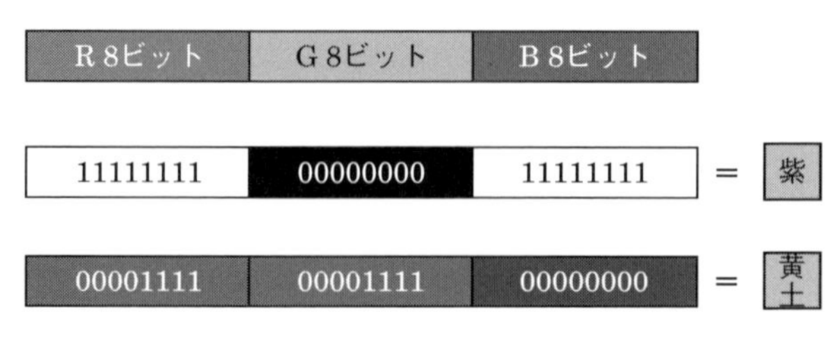

図 2.6　画素の情報構造と表現色の例

4. 画像フォーマット

ビットマップ画像：bitmap image

ベクタ画像：vector image

ここでは，実際のIT機器内でデジタル画像が格納される形式に関して解説する．まず，これまで述べてきた画素の集合としてIT機器内で格納される画像を，総称してビットマップ画像と呼ぶ．一方，線や面などの幾何図形を数値や式で記述し，その図形集合として表現される画像を，ベクタ画像と呼ぶ．ここではビットマップ画像に関して説明する．

デジタル画像は高さと幅をもつ２次元状の画素の集合であるため，データファイルとして格納する際には工夫が必要である．そこで例えば図2.7のように，画像の一番左上から横方向に1ライン（幅の画素数分）格納し，次にその下の１ライン，そして次のラインと

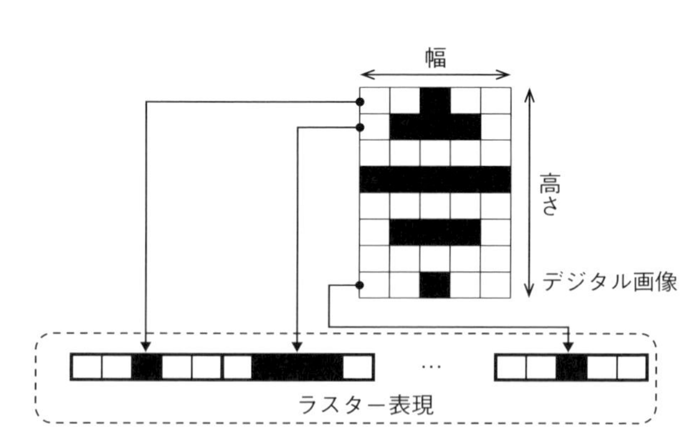

図 2.7　ラスター表現

ラスター表現：
raster
presentation

いうように高さの分だけ格納を繰り返す方法をとる．この表現方法を，ラスター表現と呼ぶ．ビットマップ画像はラスター表現により格納されたデジタル画像であり，ラスターイメージと呼ばれることもある．

以下，代表的なビットマップ画像のファイル形式（画像フォーマット）に関して例をあげる．ファイル格納時の容量を減らすために圧縮処理を行う形式と行わない形式，さらに圧縮方式が可逆である方式（元とまったく同じデータに戻せる方式）と非可逆である方式に分けることができる．

◆ BMP形式

Microsoft と IBM が共同で開発した画像ファイル形式で，狭義のビットマップ画像である．他のファイル形式も同様であるがヘッダ領域とデータ領域に分かれ，データ領域には画素ごとの色情報が格納されている．非圧縮で用いられることが多く，ファイル容量が大きくなりがちである．

◆ GIF形式

Graphics Interchange Format の略称であり，256 色以下の画像を扱うことができる可逆圧縮形式である．使用色数の少ない画像への使用に適しており，また透過表示やアニメーション表示などが可能である．

◆ JPEG形式

一般的に非可逆圧縮の画像形式として知られており，GIF 形式とともにインターネット上でよく使われている．本形式を作成した組織（Joint Photographic Experts Group）の略称と同じ名称である．動画記録やデジタルカメラの記録方式（EXIF）としても用いられる．

◆ PNG形式

Portable Network Graphics の略称であり，GIF の代わりとして開発された可逆圧縮形式である．GIF と異なり 256 色の制限は解消されているが，アニメーション機能はない．可逆圧縮のため JPEG 形式に比べて画質劣化はないが，ファイル容量が大きくなりがちである．

◆ TIFF 形式

Tagged Image File Format の略称で，非圧縮から非可逆圧縮まで様々な形式のビットマップ画像を柔軟に表現できる．汎用の画像データ交換用ファイル形式として用いられることが多い．

5．プログラム上の画像表現

デジタル画像を用いて画像処理を行うためには，はじめにプログラム内でデジタル画像をデータとして表現する必要がある．ここでは，デジタル画像のデータ表現方式に関して解説する．

デジタル画像は高さと幅をもつ 2 次元状の画素の集合であるため，2 次元配列を用いて表現するのが自然である．図 2.8 のように，ビットマップ画像は左上の画素を座標原点(0, 0)として，水平方向（幅方向）を X 座標，垂直方向（高さ方向）を Y 座標で表すことが

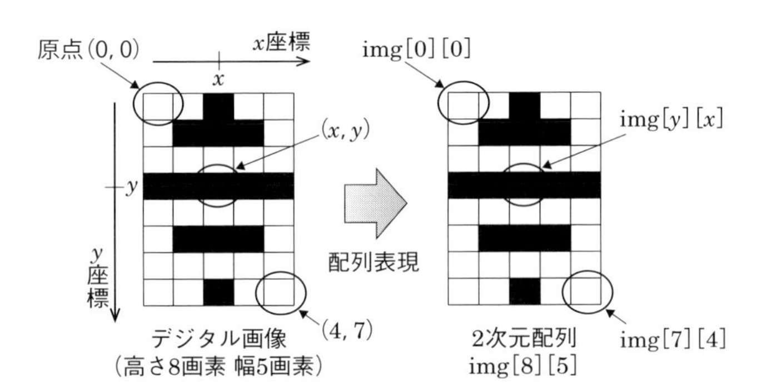

図 2.8　2 次元配列による画像表現

Column　2 次元配列の要素

図 2.8 の配列では，x と y の順番が座標系と逆である．プログラミング言語のコンパイラによるが，2 次元配列がメモリ上で配置されるときは，後ろ側の要素（2 次元目，図 2.8 ではサイズ 5 の方）が先に順番に並ぶように構成される．一方図 2.7 のラスタ表現で示したように，ビットマップ画像は幅方向から並べる．このことから，2 次元配列の後ろ側の要素を幅方向（つまり X 座標）に対応づけることで，プログラム内の処理効率を上げる狙いがある．なお論理的には，x と y が逆でも処理は可能である．

多い．このとき画素の位置は，二つの変数xおよびyを用いて(x, y)のように表現する（xは0から幅−1までの整数，yは0から高さ−1までの整数をとる）．この画像を2次元配列imgで表現する．imgは高さと幅の大きさを用いて宣言する（図2.9の場合はimg[8][5]）．画素位置(x, y)に対応する2次元配列上の位置は，img[y][x]で指定することができる．

次に，各画素のチャンネル表現方法に関して解説する．一つの方法としては図2.4のように，各チャンネルに対応する2次元配列を用意することである．この場合，各配列は各チャンネルの階調を表現できる型で定義する．サンプルプログラム2.1は，高さ480画素，幅640画素のRGB画像を2次元配列三つで表現したプログラム例の一部である．各チャンネルが8ビット256階調であるとき，例えば8ビット表現可能な型であるunsigned charを用いることができる．

●サンプルプログラム 2.1

```
#define HEIGHT (480) // 画像の高さ（画素数）
#define WIDTH (640) // 画像の幅（画素数）

int main(int argc, const char * argv[])
{
      // RGB 画像変数の定義
      unsigned char r_img[HEIGHT][WIDTH];
      unsigned char g_img[HEIGHT][WIDTH];
      unsigned char b_img[HEIGHT][WIDTH];

      // 以降入力・処理・表示・出力
      ….

      return (0);
}
```

一方で，全チャンネルの値をまとめて表現する方法がある．例えば3次元配列を用いて，3次元目を各チャンネルに割り振ることができる．また，プログラミング言語がC++であれば配列クラスであるvectorを用いて表現する方法もある．サンプルプログラム2.2がその一例である．

このようなデータ表現を用意したうえで，プログラムはデジタル画像をファイルや入力機器から入力し，さまざまな処理を行い，場合に応じてモニタ上に表示し，ファイルや出力機器に出力する必要がある．画像ファイル形式もさまざまであり，入出力機器も多くの種類が存在しているので，これらを扱うためには画像処理専用のプログラムライブラリを用いるのが便利である．本書ではその一例として，画像・映像ライブラリ集OpenCVを用いる．

●サンプルプログラム 2.2

```
#include <vector>
#define HEIGHT (480)  //画像の高さ（画素数）
#define WIDTH (640)   //画像の幅（画素数）
#define N_CHANNEL (3) //画像のチャンネル数

int main(int argc, const char * argv[])
{
    //3次元配列を用いた定義
    unsigned char img[HEIGHT][WIDTH][N_CHANNEL];
    //vector を用いた定義
    std::vector<std::vector<unsigned char>>img2;

    //以降入力・処理・表示・出力
    ….
    return (0);
}
```

Column　OpenCV

詳しくは付録の記載に譲るが，OpenCVとはIntelが開発したオープンソース画像・映像ライブラリ集である．画像入出力をはじめとして，数多くのライブラリが用意されている．本書では，OpenCVを活用したプログラムで画像処理の具体例を解説し，あわせてOpenCVの関数を説明する．

OpenCVライブラリを用いる場合，画像のデータ表現にMatを使う方法がある．MatはOpenCVが用意している基本構造体の一つで，数値配列を表すことができる．通常の配列と同じように，デジタル画像の幅と高さ，階調を指定してMatの変数を定義する．サンプルプログラム2.3がその例である．

●サンプルプログラム 2.3

```
#include <opencv2/opencv.hpp>
#define HEIGHT (480) //画像の高さ（画素数）
#define WIDTH (640)  //画像の幅（画素数）
int main(int argc, const char * argv[])
{
    //Mat を用いた定義
    cv::Mat img(cv::Size(WIDTH, HEIGHT), CV_8UC3);
    //以降入力・処理・表示・出力
    ….
    return (0);
}
```

Column　OpenCV の数値配列 Mat

Mat にはさまざまなコンストラクタ（定義方法）が用意されている．サンプルプログラム 2.3 では，画像の幅と高さを Size 関数で，階調を OpenCV 内の定数で指定している．Size 関数は OpenCV の関数であり，Mat と同じく OpenCV の名前空間である cv を指定して使っている．階調を表す定数 CV_8UC3 は，符号なし 8 ビット・3 チャンネルを表現している．OpenCV の初期バージョンでは，画像専用の構造体として IplImage が用意された（バージョン 4 からは利用不可）．Mat は画像処理専用ではなく，行列演算を行うための関数が用意されている．

サンプルプログラム 2.4 は，ファイルから画像を入力し，画素位置(x, y)を指定してその内容を印字し，モニタに表示した上で別のファイルに出力する，一連の画像処理プログラムである．プログラム内での処理の流れを図 2.9 に示す．

本節で述べてきたデジタル画像の高さや幅などの情報は，画像ファイル中に記録されている．これらの情報は，サンプルプログラム 2.4 内の関数 imread により画像入力を行う際に自動的に取り出され，画像変数 img のメンバ変数として格納される．プログラム内の四角で囲まれた部分で，画素位置を指定するために Mat のメンバ関数 at を用いている．なお，OpenCV の RGB 画像は B，G，R の順に値が格納されるので，画素内容を表す変数 pixel（3 要素ベクトル Vec3b で定義）には R 要素が pixel[2] に，G が pixel[1] に，B が pixel[0] に格納されている．

●サンプルプログラム 2.4

```
/*** 画像処理のプログラム ***/
#include <iostream>
#include <opencv2/opencv.hpp>

#define FILENAME "/Users/foobar/Pictures/lenna.jpg" // 画像ファイル名

int main(int argc, const char * argv[])
{
    // 画像変数の定義
    cv::Mat img;
    // 画像入力
    img = cv::imread(FILENAME, cv::IMREAD_COLOR);
    if(img.empty()){ // 画像ファイル読み込み失敗
    printf("Cannot read image file: %s¥n", FILENAME);
    return (-1);
    }
    // 位置（x,y）の画素内容を印字
    int x = 100, y = 50;
    cv::Vec3b pixel = img.at<cv::Vec3b>(y,x);
    printf("(x,y)=(%d,%d):(R,G,B)=(%d,%d,%d)¥n",x,y,pixel[2],pixel[1],pixel[0]);

    //画像表示
    cv::imshow("input image", img);
    // 画像出力
    cv::imwrite("newlenna.jpg", img);
    //キー入力待ち
    cv::waitKey(0);
    return (0);
}
```

Column　OpenCV の画像入出力・表示関数

OpenCV にはファイルからの画像入力関数として imread が，出力関数として imwrite が，モニタへの表示関数として imshow がそれぞれ用意されている．サンプルプログラム 2.4 では以下の引数を指定している：

imread（ファイル名，カラータイプ）
imwrite（ファイル名，画像変数）
imshow（ウィンドウ名，画像変数）

imread の引数であるカラータイプは省略可能であり，その場合は 3 チャンネルカラー画像として読み込まれる（IMREAD_COLOR と同様）．読み込み可能な画像フォーマットとして，BMP/JPEG/PNG/TIFF などがあげられる．

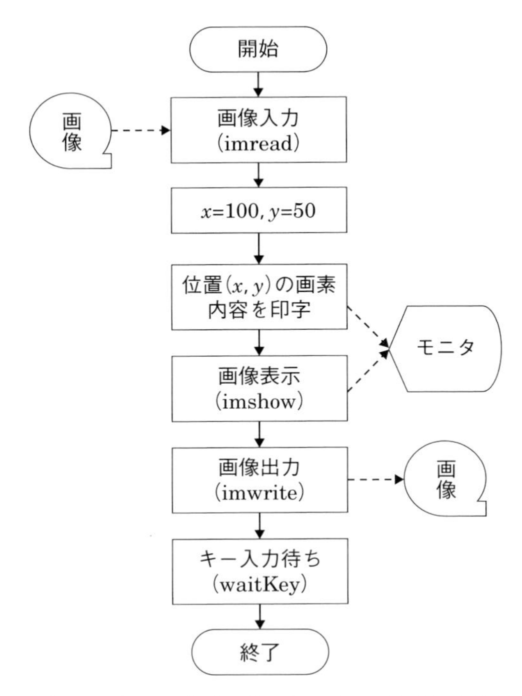

図 2.9　サンプルプログラム 2.4 での処理の流れ

2.2　標本化と量子化

1. 標本化

標本化：sampling

身の回りの風景や印刷物などの実画像（アナログ画像）からデジタル画像を入力・作成する際には，二種類の処理が行われている．その一つが標本化（サンプリング）である．標本化は 2.1 節における解像度の説明時に述べたように，画像全体を格子状に分割して表現することであり，連続した情報であるアナログ画像を離散的な情報であるデジタル画像にするための最初の処理となる．

格子の間隔が小さければ画像をより正確に再現することができるが，全格子数（つまりデータ数）が多くなる．逆に格子の間隔が大きければ全格子数は少なくなるが，画像の再現性が落ちることになる．解像度は格子の細かさを表す数値であり，標本化における空間的離散化の度合いを表す．図 2.10 は，標本化の考え方を模式化したものである．図中の各グラフにおける横軸は，モノクロ画像のある横 1 ラインにおける水平方向の位置を表し，縦軸はその位置における輝度（明るさ）を表す．図 2.10 左上は格子の間隔が大きく，解像度が低い．すると標本化されるデータ数は 4 点と少なくて済むが，そのデータ各点を直線で結ぶと図 2.10 右上のようになり，元の波形に対する再現性が低いことがわかる．図 2.10 左下のように格子の間隔が小さく解像度が高い場合には，データ数は多くなるが図 2.10 右下のように元の波形に対する再現性が高いことがわかる．

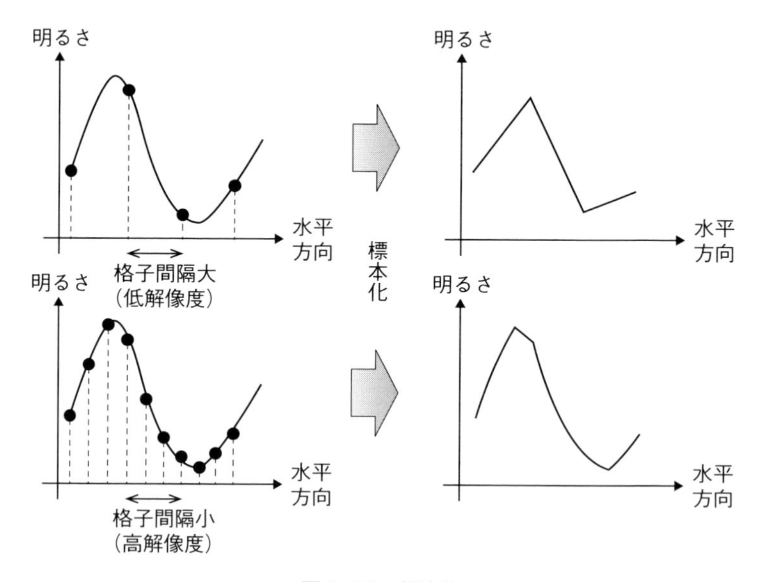

図 2.10　標本化

画像入力機器で行われる標本化は，機器の種類によって二通りの方法がある．デジタルカメラの場合は，レンズから得られた光が受光素子面に当たり，2 次元上に配置された各受光素子の光量で各画素の明るさが決定され，標本化が一気に行われる．そして解像度は受光素子数によって定まる．一方イメージスキャナの場合は，図 2.7 で示したラスター表現と同じように，アナログ画像の情報をスキャナのラインセンサが水平方向に 1 ライン取得し，上から下にその取得処理を繰り返すことで時間をかけて標本化が行われることが

走査：scan

多い．この処理を走査と呼ぶ．解像度は，水平方向1ラインの情報を取得するためのセンサー素子間隔と垂直方向の1ライン移動量で定まる．

2. 量子化

量子化：quantization

デジタル画像を作成するためのもう一つの処理を量子化と呼ぶ．標本化処理で得られた各画素における値は，連続したアナログ値である．この値を離散的に表現してデジタル情報にすることが量子化である．また2.1節で述べたように，この離散値を何段階に分けて表現するかを示す用語が階調である．

図2.11は，標本化と同じく量子化の様子を模式化したものである．標本化では横軸を離散化したが，量子化は縦軸（明るさ）を離散化する．標本化によって得られる各画素のアナログ値は，階調数分用意された値の中で最も近い離散値に変更される．階調が多いほど変更時の差が少ないため値の再現性が高いが，必要とするビット数が多くなる．一方階調が少ないとビット数は少なくて済むが，値の再現性は落ちることになる．図2.11左上は階調数が少なく，図2.11右上に示す量子化後の波形は元の波形に比べて再現性が低い．一方図2.11左下は階調数が多く，図2.11右下に示す量子化後の波

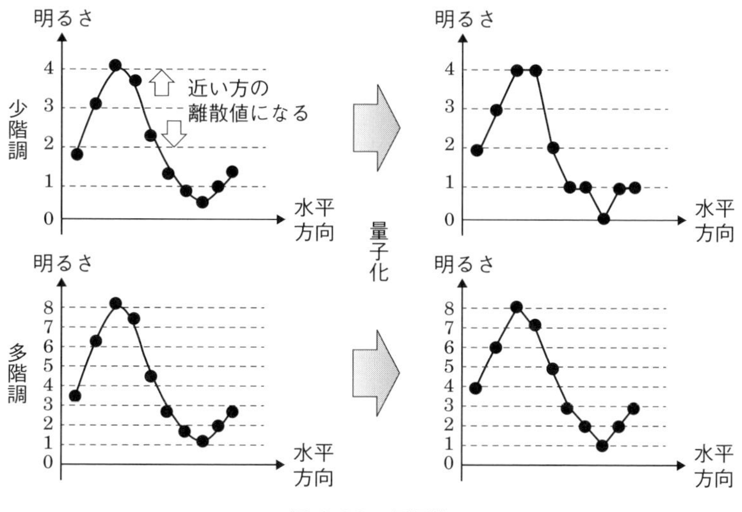

図2.11　量子化

形は左下の波形とほぼ等しく再現性が高いことがわかる．

2.1節で述べたカラー画像や輝度画像は8ビット256階調で，第5章で解説する二値画像は2階調で量子化されたデジタル画像である．デジタル画像の各画素に記録される数値は，例えば階調のうち何番目の離散値であるかを表し，明るさや色の強さの物理量そのものではない．図2.11右下の波形は8階調で量子化されており，その値は左から4，6，8，7，5，3，2，1，2，3と表すことができる．

2.3　輝度ヒストグラム

輝度ヒストグラムとは，画像の特徴を可視化する手段の一つであり，画像の輝度値の分布を表す統計グラフである．縦軸に度数（対象輝度値をもつ画素の個数），横軸に輝度値とする．ヒストグラムの棒グラフの面積は，画素の画素数と同じである．輝度ヒストグラムの生成方法は，画像を走査し，各輝度値の画素を数えることで実現できる．図2.12の入力画像は4×4の8階調のグレースケール画像を表している．入力画像右上の輝度値0は，度数が一つであるため，輝度ヒストグラムの左端（輝度値0）で積み上げられる．すべての画素を走査し終えたら輝度ヒストグラムが生成される．

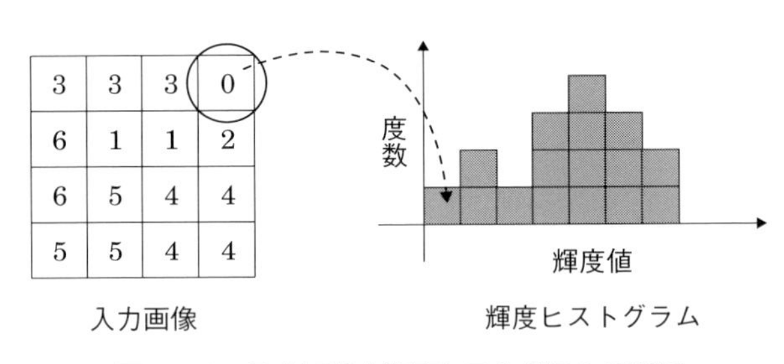

図2.12　入力画像と輝度ヒストグラムの関係

輝度ヒストグラムをOpenCVのプログラムで実現する方法について述べる

1. グレースケール画像を入力する．
2. 度数分布を格納するための配列を初期化する．ここで配列の要素数は輝度値と同じ256段階とし，各要素に0を入れて初期化する．

3. 画像を走査し，該当する輝度値の度数を加算する．
簡易的には，得られたヒストグラムの配列を標準出力して，Excelなどの表計算ソフトでグラフ化すればよい．なおOpenCVにはヒストグラムを表現する構造体calcHist*も用意されている．

*OpenCVの関数calcHistについてこの書籍では言及しない．

●サンプルプログラム2.5

```
#include <iostream>
#include <opencv2/opencv.hpp>
#define  VAL_MAX (256) //輝度値の要素数
//木の画像
#define FILENAME "Users/foobar/Pictures/tree.jpg"

int main(int argc, const char * argv[]) {
     int hist[VAL_MAX]; //ヒストグラム用の配列
     //1.画像の入力(グレースケール)
     cv::Mat src_img = cv::imread(FILENAME, 0);
     if(src_img.empty()) { //入力失敗の場合
        return(-1);
    }
    //2.ヒストグラムの初期化
    for(int  i=0;i<VAL_MAX; i++) { //輝度値の範囲で初期化
        hist[i]=0;
    }
    //3.画像の走査（ヒストグラムの生成）
    for(int y=0;y<src_img.rows;y++)  {  //縦
        for(int  x=0;  x<src_img.cols;  x++)  {  //横
            //4.ヒストグラムカウント
            hist[src_img.at<unsigned  char>(y,x)]++;
        }
    }
    for(int  i=0;  i<VAL_MAX;  i++)  {  //標準出力のループ
        std::cout  <<  hist[i]  <<  std::endl;
    }

    return  0;
}
```

次に輝度ヒストグラムによる画像の傾向について説明する．図2.13に折り紙を平面のテーブルに配置したグレースケール画像と輝度ヒストグラムを示す．図2.13では大きな分布の山が二つ存在していることが確認できる．左の山は折り紙である物体，右の山はテーブルである背景を示している．このように輝度値の分布から画像

（a）　入力画像

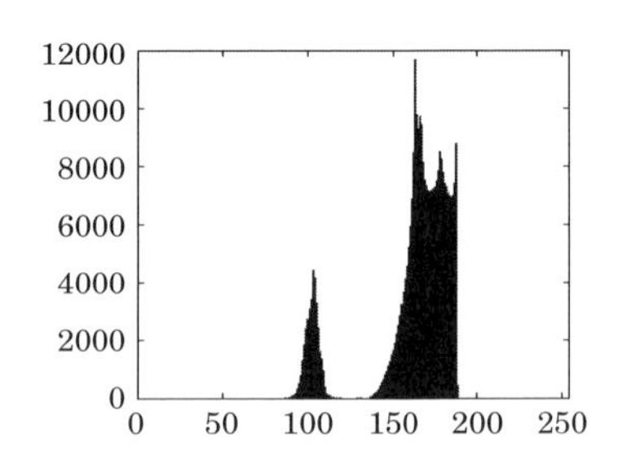

（b）　輝度ヒストグラム

図2.13　入力画像と輝度ヒストグラム

（a）　入力画像

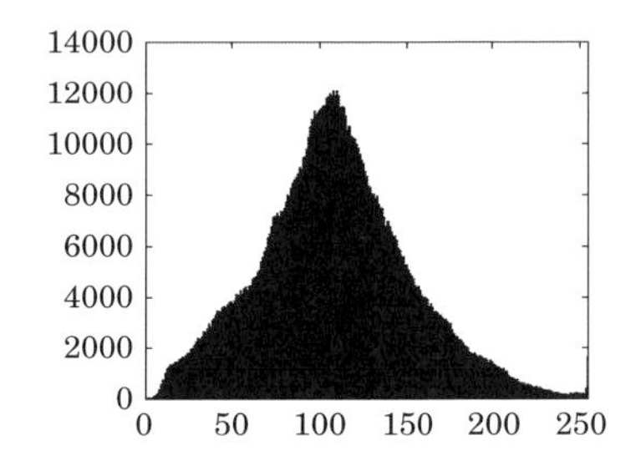

（b）　ヒストグラム

図2.14　物体と背景が分離しにくい画像とヒストグラム

の特徴を簡易的に確認することができる．例えば図2.14のようなテクスチャ（模様）のある壁面の前に木が存在する画像の場合，壁面である背景と物体（木）の識別は，目視では簡単にできる．一方で輝度ヒストグラムでは一つの大きな山のみ観測できる．これは物体（木）と背景（壁面）の輝度値に明確な差がないためである．

輝度ヒストグラムは物体と背景を分離するだけでなく，画像全体の傾向を求めることができる．輝度ヒストグラムが示す分布は，画像の統計情報を表しており，特に以下の特徴を使用して画像の傾向を分析することが多い．

・最小値 v_{min}，最大値 v_{max}：最小と最大の画素値

・コントラスト：最小値と最大値の差　$\dfrac{v_{\mathrm{max}} - v_{\mathrm{min}}}{v_{\mathrm{max}} + v_{\mathrm{min}}}$

・平均値：画素値の平均

・分散：画素値のばらつき
・中央値：画素値の小さい(大きい)方から数えてちょうど真ん中
・最頻度：もっとも頻度が高い画素値

まず最小値，最大値について述べる．この最小値と最大値は，画像に存在する画素値の最も小さい値・大きい値を指す．ヒストグラムでは，山の両端が対応する．

コントラストは画像濃淡の鮮やかさを示し，コントラストが高い場合は輝度値の範囲が広く輝度値の差が明瞭であることに対して，コントラストが低い場合は輝度値の変化が小さくぼやけた画像として表現される．図2.15にコントラストの異なる画像とヒストグラムを示す．図2.15（a）のコントラストの高い画像では，全体の明暗差の違いが明瞭である．すなわちヒストグラムの山の袖がグラフ両端まで届いている．（b）の画像ではグラフの山が中央の画素値に偏っており，画像としては全体的にややぼやけていることが観測できる．

画像処理で取り扱う入力には，カメラの設置環境などによりコン

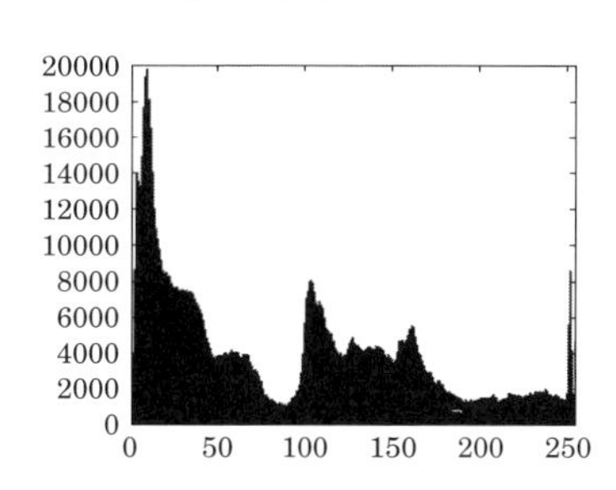

（a） コントラストの高い画像とヒストグラム

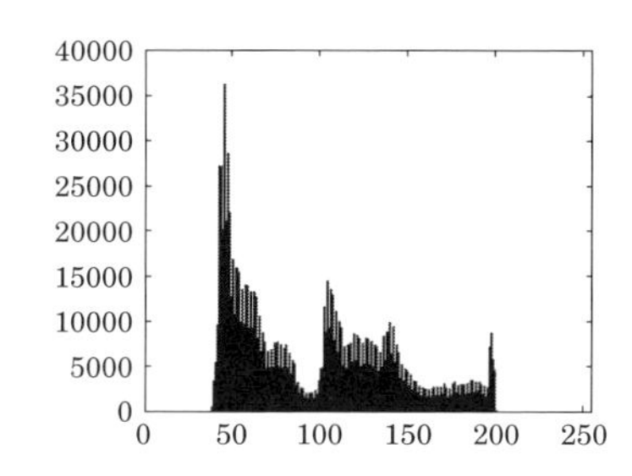

（b） コントラストの低い画像とヒストグラム

図2.15 コントラストの異なる画像とヒストグラム

トラストが低い画像を使用する場合がある．図2.15（b）のようにもともとコントラストが低い画像の視認性を向上させるためには，コントラスト強調などの画素値変換を行って対応する．

平均値は全体的な明るさを示し，平均値が高いほど画像全体が明るくなる．算出方法はすべての画素値の総和を画素数で除算することで求められる．そして分散はヒストグラムで表される山の広がりを表しており，分散が低い（広がりが狭い）と物体もしくは背景が同程度の輝度値で構成されており，分散が高い（広がりが大きい）と輝度が連続的に変化するグラデーションのように複数の輝度値で構成される．また分散があまりにも高く，ヒストグラムの山がいくつも存在する場合は，複数の物体やノイズが存在することを示している．

中央値は一部の強い影響を受けにくい傾向を得るために利用される．平均値は一部のノイズなどの外れ値の影響を強く受けるが，中央値はほとんど影響されない．ヒストグラムの分布が対称である場合は，中央値は平均値に等しい．最頻値は最も頻繁に出現する輝度値を示し，ヒストグラムのピークを表す．ピークに注目して同一色で構成される物体を求めることにも利用できる．

上記の統計情報を利用することで，画像全体の傾向を推測して，目的（例えば物体抽出など）を達成させる．

2.4　変換処理（色変換・解像度・階調変換）

本節では画像の変換について述べる．特に色表現や解像度，そして階調変換について述べる．

1．表色系と色空間

本節ではカラー画像の特徴と変換方法を述べ，そして解像度，階調の変換処理について述べる．

光の三原色（R：赤，G：緑，B：青）を用いたRGB表色系は光の重なりによって複数の色を表現する方法であり，ディスプレイやプロジェクタによる色表現の方法である．R，G，Bの三要素をすべて重ね合わせると白色（W）で観測される．

一方でRGB表色系に対して，印刷物の色表現には，色の三原色（C：シアン，M：マゼンタ，Y：イエロー）を用いたCMY表色系や，キーカラー（K）を追加したCMYK表色系が用いられる．白色の画用紙にC，M，Yの三要素を重ね合わせると，黒色（Black）で観測される．プリンタなどの印刷工程においては，混色による黒色よりも，あらかじめ黒色のトナーをキーカラーとして用意することでインクの節約を行っている．図2.16にRGB表色系とCMYK表色系の概念図を示す．

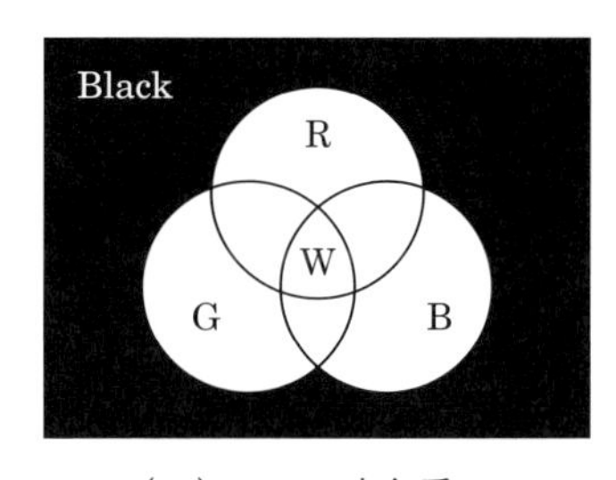

（a）　RGB表色系

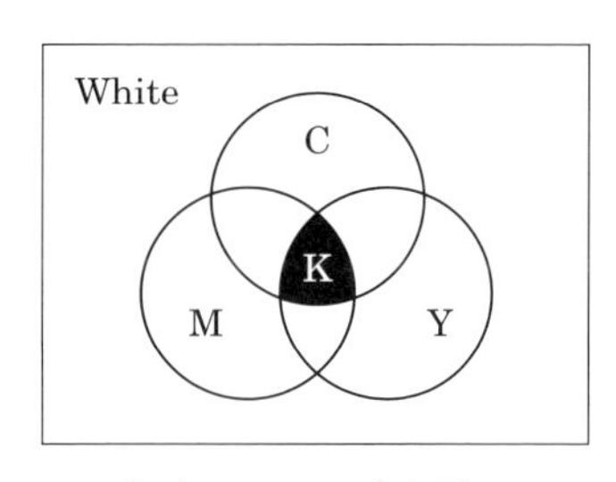

（b）　CMYK表色系

図2.16　RGB表色系とCMYK表色系

RGB表色系やCMYK表色系以外にも色相・彩度・明度からなるHSV色空間*1，人間視覚を表現したL*a*b*色空間などがあり，用途によって使い分けられる．画像処理で多く利用されるHSV色空間について簡単に紹介する．

HSV色空間は，色相，彩度，明度の三要素からなる色空間である．色相，彩度，明度はそれぞれ，色の種類，鮮やかさ，明るさを表す．色相は0–2πの環（循環した色）*2，彩度と明度はどちらも0–100%*3の範囲で表現される．

RGBの値域が［0：1］で表されるとき，RGB色空間からHSV色空間には次のように変換する．

まずR，G，Bにおける明度の最大値$I_{\max}$と最小値$I_{\min}$を求める．

$$I_{\max} = \max\{R, G, B\} \tag{2・1}$$

$$I_{\min} = \min\{R, G, B\} \tag{2・2}$$

次に明度Vを求め，色相H，彩度Sを求める．

*1　表色系は色の表現方法，色空間は表色系の要素で表される空間

色相：hue

彩度：saturation

明度：intensity, value

*2　OpenCVではメモリの都合で［0：179］の範囲で扱われる．

*3　OpenCVでは［0：255］の範囲で扱う．

明度：intensity

$$V=I_{\max} \qquad (2\cdot3)$$

$$H=\begin{cases}\dfrac{G-B}{I_{\max}-I_{\min}}\dfrac{\pi}{3} & \text{if} \quad I_{\max}=R \\ \dfrac{B-R}{I_{\max}-I_{\min}}\dfrac{\pi}{3}+\dfrac{2\pi}{3} & \text{if} \quad I_{\max}=G \\ \dfrac{R-G}{I_{\max}-I_{\min}}\dfrac{\pi}{3}+\dfrac{4\pi}{3} & \text{if} \quad I_{\max}=B \end{cases} \qquad (2\cdot4)$$

$$S=\frac{I_{\max}-I_{\min}}{I_{\max}} \qquad (2\cdot5)$$

Hが負の値の場合は2πを加算する．$I_{\max}=I_{\min}$の場合，Hは不定となる．

HSV色空間は明度と色相を分離できるため，屋外の画像処理に利用されることが多い．屋外では自然光の影響により，RGB表色系の場合は色値が大きく変化する．例えば道路案内標識は一般道では青色の背景と白色の文字で構成されている．自然光の影響により，彩度が高い青色（濃い青色）にも，彩度が低い青色（薄い青色）のどちらも観測されることがある．色相のみに着目することで，青色の範囲のみで道路案内標識の色値を限定することが可能になる．

OpenCVにおいてRGB表色系で表現される入力画像をHSV表色系で表現するためにはcvtColor関数で変換する．

```
void cvtColor (const Mat& src, Mat& dst, int code, int dstCn=0)

src:   8ビット符号なし整数型の入力画像
dst:   srcと同じサイズ・型の出力画像
code:  色空間の変換コード．
       RGB表色系からHSV表色系に変換する場合は CV_RGB2HSV
dstCn:   出力画像のチャンネル数．0の場合は自動的に求められる
```

2. 解像度変換

2.1節2.項で述べたように画像の解像度は細かさを示す指標である．画像の解像度を変えた2枚を図2.17に示す．高解像度の画像を低解像度に変換する処理は，変換前の複数画素の平均値が変換後の画素値となる．例えば解像度が1/5の場合は，注目画素を囲む5×5の隣接画素の平均値が変換後の画素値として利用される．逆に

低解像度画像から高解像度に変換する場合は，画素間に隙間が生じるため，周辺画素の値を利用して隙間を埋めて生成する．理論上，単純な高解像度化を実施したとしても，きめ細かさを決定する情報量が増えるわけではないため，画像としての見え方は変わらない．

（a） 高解像度画像（300dpi）

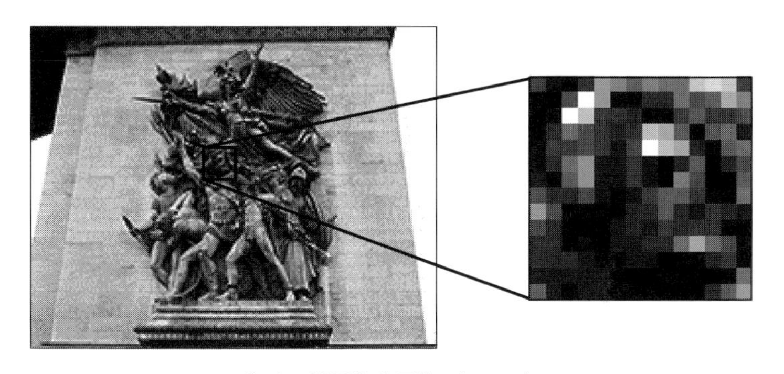

（b） 低解像度画像（72dpi）

図 2.17 解像度が異なる画像の比較

3. トーンカーブ

画像のコントラストについて，輝度値の最大値と最小値の差であることを示した．図 2.15 のように同一画像のコントラストを変更するためにはトーンカーブが利用される．トーンカーブとは階調を補正する手段であり，横軸に入力画像の階調，縦軸に出力画像の階調をもつグラフのような形式をとる．トーンカーブの例を図 2.18 に示す．図 2.18 では，入力画像の画素値が 180 の場合，出力画像の画素値では 110 に変換されることを意味している．

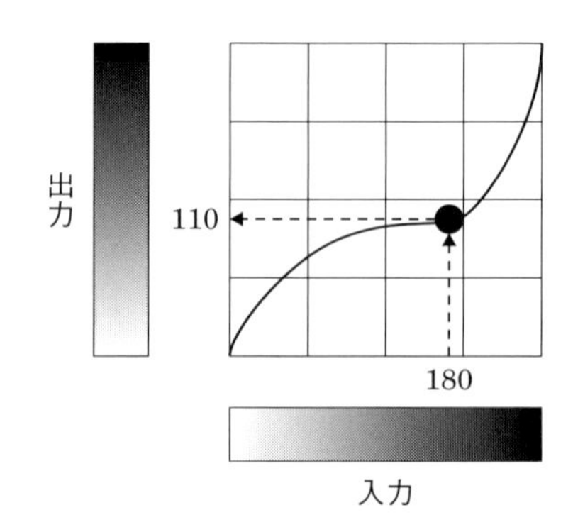

図 2.18　トーンカーブ（縦軸・横軸は輝度値）

トーンカーブを利用して，すべての画素に対して反転処理を行う，ネガポジ変換について紹介する．ネガポジ変換は白色画素を黒色に，黒色画素を白色に変換する処理である．トーンカーブを利用すると図 2.19 で表される．また，入力画素値 $I(x)$，階調最大値 $I_{\max}$ としたとき，出力画素値 $I'(x)$ は次式で求められる．

$$I'(x) = I_{\max} - I(x) \qquad (2 \cdot 6)$$

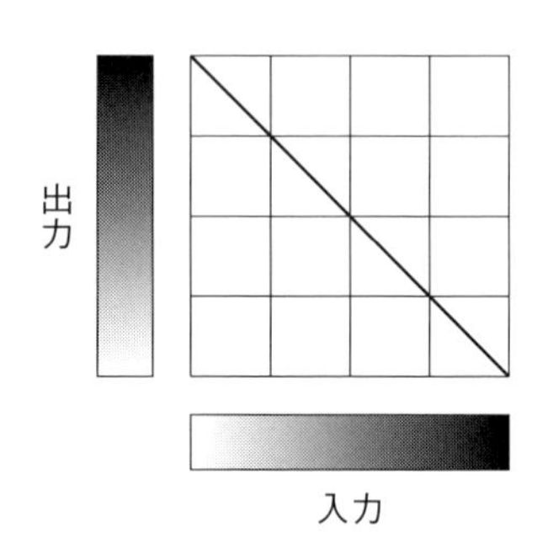

図 2.19　ネガポジ変換

トーンカーブを段階的な変換をすることで色数を限定し，イラストのような画像として表現する階調変換を紹介する．階調変換はポスタリゼーションと呼ばれ，トーンカーブで階調数を指定するだけで実現できる．図 2.20 では 4 段階の色調に変換するトーンカーブを示す．

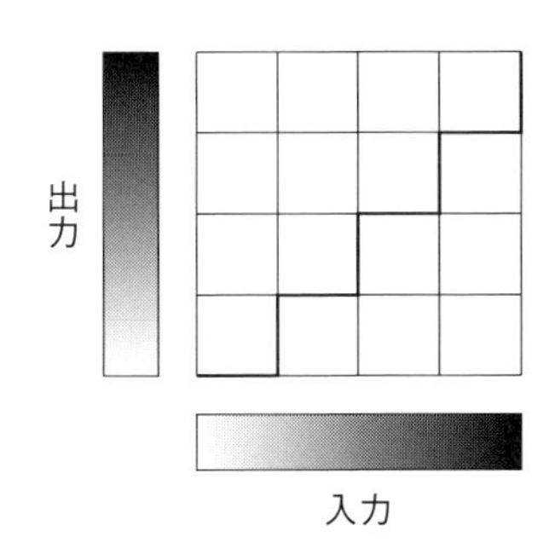

図 2.20　4 段階のポスタリゼーション

図 2.21 に入力画像，ネガポジ画像，ポスタリゼーション画像を示す．このようにトーンカーブは見た目の印象を変えるために利用される．

（a）　入力画像

（b）　ネガポジ画像

（c）　ポスタリゼーション画像

図 2.21　トーンカーブを利用した画像変換

LUT：Lookup Table

通例，トーンカーブをプログラムで実装する場合ルックアップテーブル（LUT）と呼ばれる変換データ列，例えば配列を使用して画素値を参照する．LUT は図 2.22 のように入力値と出力値を対にした表で，ある入力値をあらかじめ用意された出力値に変換することで，処理の高速化が実現される．LUT を利用した，4 段階ポスタリゼーションを実現するプログラムを以下に示す．なお，実験結果は図 2.21（c）である．

●サンプルプログラム 2.6

```
#include <iostream>
#include <opencv2/opencv.hpp>

#define VAL_MAX (256) //輝度値の要素数
#define STEP (4) //ポスタリゼーションの段回数
//入力画像
#define FILENAME "/Users/foobar/Pictures/input.jpg"
//ウィンドウ名
#define WINDOW_INPUT "input"
#define WINDOW_OUTPUT "output"
int main(int argc, const char * argv[]) {
    int lut[VAL_MAX]; //ルックアップテーブルの宣言
    //画像の入力（グレースケール）
    cv::Mat src_img = cv::imread(FILENAME, 0);
    if (src_img.empty()) { //入力失敗の場合
        return(-1);
    }
    //ルックアップテーブルの生成
    for (int i=0; i<VAL_MAX; i++){
        lut[i] = (i / (VAL_MAX / STEP)) * (VAL_MAX / STEP);
    }
    //出力画像のメモリ確保
    cv::Mat dst_img = cv::Mat(src_img.size(), CV_8U, 1);

    //画像の走査（ヒストグラムの生成）
    for (int y=0; y<src_img.rows; y++) { //縦
       for (int x=0; x<src_img.cols; x++) { //横
           dst_img.at<unsigned char>(y,x)=lut[src_img.at<unsigned  char>(y,x)];
       }
    }
    //画像の表示
    cv::imshow(WINDOW_INPUT, src_img);
    cv::imshow(WINDOW_OUTPUT, dst_img);
    cv::waitKey(); //キー入力待ち
    cv::imwrite("posterization.jpg", dst_img); //画像の保存

    return 0;
}
```

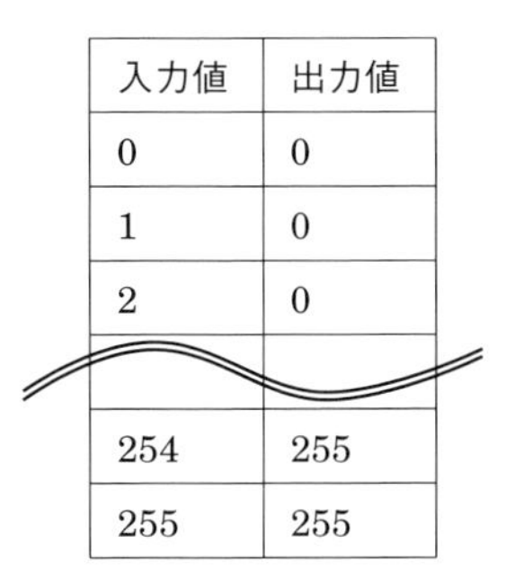

入力値	出力値
0	0
1	0
2	0
254	255
255	255

図 2.22　ルックアップテーブルの例

演 習 問 題

問 1　デジタル画像は本書であげた例以外にどのような場面で用いられているか，調査せよ.

問 2　画像ファイルにはさまざまな画像フォーマットがある．その適切な使い分けに関して，説明せよ.

問 3　手が映る画像を撮影し，HSV 色空間を利用して手の領域を抽出せよ.

問 4　ポスタリゼーションをカラー画像で実現せよ.

第3章

ノイズ除去

カメラで撮影された写真の画像では，一見目視では確認が難しいが，画像を拡大した際に，風景には存在しない粒子を確認することができる．この粒子をノイズと呼び，人間にとって視認性を低下させ，画像診断にとっては物体を判別しにくくする要因となっている．また，レンズもしくはレンズの前に設置された透明なフィルムなどに付着した埃や傷などによって画像上に現れる領域もノイズと呼ぶ．これらのノイズを除去することは画像処理では必須事項として重要視される．

本章ではこのノイズを画像処理によって除去する方法について述べる．

3.1　畳み込み演算，処理概要

画像にノイズが存在する場合そのノイズ画素に注目すると，グレースケール画像では，注目画素とその周辺画素では輝度値（カラー画像の場合は色値）が異なる．この周辺画素の輝度値を利用して，注目画素のノイズを除去する方法を解説する．

画像処理におけるノイズ除去にはフィルタという概念を用いた処理方法を用いる．フィルタとは注目画素周辺を覆うように設計される計算を比喩的に表現した仕組みである．最も基本的なフィルタである縦3画素，横3画素で構成される形状について解説する．3×3のフィルタの場合，注目画素の上下左右の4近傍フィルタ（図3.1(a)），上下左右に加え斜めの画素を加えた8近傍フィルタ（図3.1(b)）が利用される*．このフィルタと入力画像を重ね合わせ，フィルタの中身である係数と画素の輝度値の積の総和によって，出力画像における注目画素の輝度値が決定される．すなわち，入力画像の領域から，出力画像の注目画素が計算される．このフィルタを適用する処理をフィルタ演算と呼ぶ．このフィルタ処理は注目画素を1画素ずつ走査して全体に施される．フィルタ処理の概要図を図3.2に示す．通常，フィルタの係数は，総和が1になるように設計される．ここでフィルタ処理後の画素の輝度値は，輝度値の限界値

*なお，近傍の考え方については5.2節も参照してほしい．

（a）4近傍フィルタ

	$h(0, -1)$	
$h(-1, 0)$	$h(0, 0)$	$h(1, 0)$
	$h(0, 1)$	

（b）8近傍フィルタ

$h(-1, -1)$	$h(0, -1)$	$h(1, -1)$
$h(-1, 0)$	$h(0, 0)$	$h(1, 0)$
$h(-1, 1)$	$h(0, 1)$	$h(1, 1)$

図3.1　3×3のフィルタ

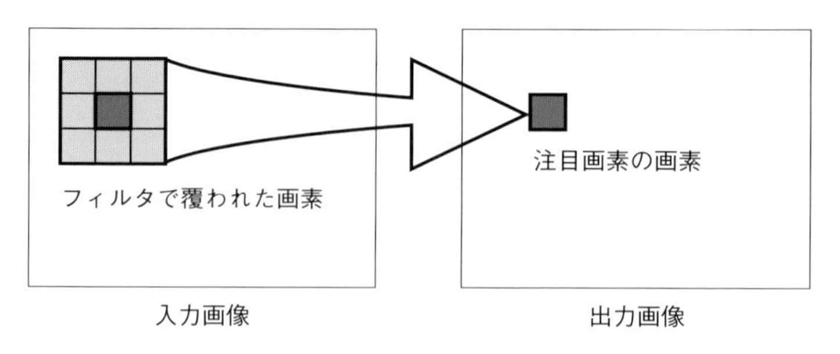

図3.2　フィルタ処理の概要

（通常 255）を超える可能性もあるため，限界値を超えた場合に補正することが一般的である．

フィルタの設計においては，注目画素を設定する必要があるため，フィルタのサイズは奇数×奇数で構成する必要がある．また，設計されたフィルタは画像端の画素は構造上計算することができない．例えば3×3のフィルタの場合は周辺1画素，5×5のフィルタの場合は2画素の画像端が処理できない領域となる．通常，この画像端の処理では，画像端には0を強制的に設定する，画像の外側は0で埋められると仮定して演算する（図3.3（a）），隣接する処理済みの画素の輝度値を利用する（図3.3（b）），世界地図のように画像の上下左右が繋がっているという前提で値を利用するなどの対策が行われる．

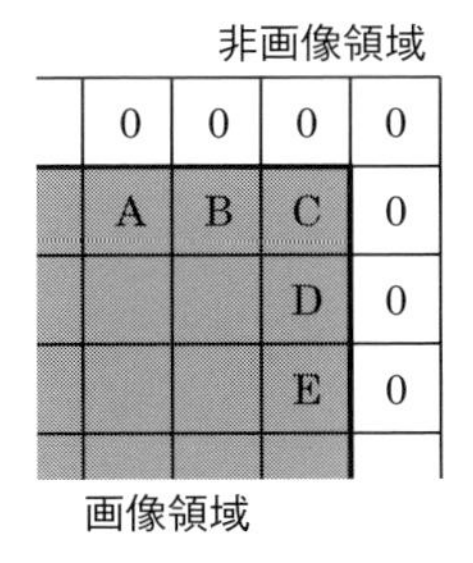

（a）　画像外側を0で埋める処理　　（b）　隣接画素の利用

図3.3　画像端の処理

フィルタの計算は，畳み込み演算と呼ばれる二項演算が用いられる．フィルタ $h(u, v)$，入力画像 $f(x, y)$，出力画像 $g(x, y)$ としたとき，畳み込み演算は次式で表される．

$$
\begin{aligned}
g(x, y) &= \int_{-\infty}^{\infty}\int_{-\infty}^{\infty} h(u, v) f(x, y)\, du dv \\
&= h(u, v) * f(x, y) \qquad (3 \cdot 1)
\end{aligned}
$$

上記の式のように，畳み込み演算は＊で表される．また，この式は連続空間（アナログ処理）の表現であるため，デジタル画像においてはΣ記号を使用した，総和で表される．フィルタのサイズを $(2N+1)\times(2N+1)$ としたとき，デジタル画像の畳み込み演算は次式で表される．ここで N はフィルタサイズの半分の大きさを示す．

$$g(x,y)=\sum_{v=-N}^{N}\sum_{u=-N}^{N}h(u,v)f(x+u,y+v) \qquad (3\cdot2)$$

3×3の８近傍フィルタ（図3.1（b））の畳み込み演算の場合は，次式のように計算される．

$$\begin{aligned}g(x,y)=&h(-1,-1)f(x-1,y-1)+h(0,-1)f(x,y-1)\\&+h(1,-1)f(x+1,y-1)+h(-1,0)f(x-1,y)\\&+h(0,0)f(x,y)+h(1,0)f(x+1,y)\\&+h(-1,1)f(x-1,y+1)+h(0,1)f(x,y+1)\\&+h(1,1)f(x+1,y+1)\end{aligned} \qquad (3\cdot3)$$

すなわち，フィルタの各値 $h(u,v)$ は，関数 $f(x,y)$ の係数として位置付けられる．カラー画像を取り扱う場合は，各チャンネル（例えばR，G，B）それぞれにフィルタ処理を施す．

3.2　平滑化

平滑化：
smoothing

冒頭に示したように，画像におけるノイズは，撮影時の風景には存在しない粒子や，画像中の傷や汚れであり，画素の輝度値が周辺画素に対して急激に変化する画素である．隣接した画素の輝度値差を滑らかにすることで画像全体をぼかしてノイズ除去する処理を平滑化と呼ぶ．平滑化はノイズ除去以外にも画像全体のピントをずらしたような効果にも利用される．以下に平滑化について述べる．

1．平均化フィルタ

平均化フィルタ：
averaging filter

注目画素と周辺画素の輝度値の差を滑らかにするために，フィルタで重ねた画素の輝度値の平均を利用する．この方法で設計されたフィルタは平均化フィルタもしくは一様平滑化フィルタと呼ばれる．フィルタの縦と横の大きさを $2N+1$ としたときのフィルタ係数は，係数の総和が1と正規化するように $\dfrac{1}{(2N+1)^2}$ が設定される．これは平滑化後の画素の輝度値の平均を一定とするためである．3×3と5×5の平均化フィルタを図3.4に示す．

図3.5に，入力画像に対して図3.4の3×3，5×5の平均化フィル

$\frac{1}{9}$	$\frac{1}{9}$	$\frac{1}{9}$
$\frac{1}{9}$	$\frac{1}{9}$	$\frac{1}{9}$
$\frac{1}{9}$	$\frac{1}{9}$	$\frac{1}{9}$

（a） 3×3 画素

$\frac{1}{25}$	$\frac{1}{25}$	$\frac{1}{25}$	$\frac{1}{25}$	$\frac{1}{25}$
$\frac{1}{25}$	$\frac{1}{25}$	$\frac{1}{25}$	$\frac{1}{25}$	$\frac{1}{25}$
$\frac{1}{25}$	$\frac{1}{25}$	$\frac{1}{25}$	$\frac{1}{25}$	$\frac{1}{25}$
$\frac{1}{25}$	$\frac{1}{25}$	$\frac{1}{25}$	$\frac{1}{25}$	$\frac{1}{25}$
$\frac{1}{25}$	$\frac{1}{25}$	$\frac{1}{25}$	$\frac{1}{25}$	$\frac{1}{25}$

（b） 5×5 画素

図 3.4 平均化フィルタ

（a） 入力画像

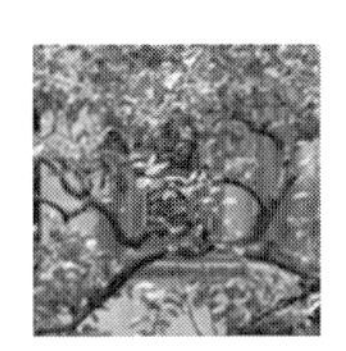

（b） 3×3 フィルタ

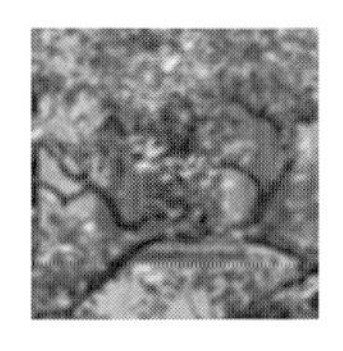

（c） 5×5 フィルタ

図 3.5 平均化フィルタを施した結果

タを施した結果を示す．画像端の処理は，0を設定している．図3.5に示されるように，フィルタのサイズが大きいほど，画像全体の輝度値差が小さくなり，滑らかな画像が出力される．一方で，サイズを大きくすることで解像度を低下させることと同義となる．

平均化フィルタのプログラムを次に示す*．

＊なお，OpenCVで平均化を実現するblur関数が用意されている．

●サンプルプログラム3.1

```
#include <iostream>
#include <opencv2/opencv.hpp>

#define VAL_MAX (256) //輝度値の要素数
#define N (2) //フィルタサイズを決定する数値．フィルタサイズは(2N+1)になる

//木の画像
#define FILENAME "Users/foobar/Pictures/tree.jpg"

int main(int argc, const char * argv[]) {
    int u, v, x, y; //ループ用変数

    //画像の入力（グレースケール）
    cv::Mat src_img = cv::imread(FILENAME, 0);
    if (src_img.empty()) { //入力失敗の場合
        return (-1);
    }
    //平均化フィルタ
    cv::Mat h = cv::Mat_<double>(2*N+1, 2*N+1);
    for (v=0; v<2*N+1; v++) {
        for (u=0; u<2*N+1; u++) {
            h.at<double>(v, u) = 1.0 / (double)((2*N+1)*(2*N+1));
        }
    }

    //出力画像のメモリ確保
    cv::Mat dst_img = cv::Mat(src_img.size(), CV_8U, 1);
    //画像の走査
    for (y=0; y<src_img.rows; y++) {
        for (x=0; x<src_img.cols; x++) {
            //画像端の処理
            if (x<N || y<N || x>src_img.cols-1-N || y>src_img.rows-1-N) {
                dst_img.at<unsigned char>(y, x) = 0; //画像端は計算不可
                continue;
            }
            double tmp = 0;//一時的に総和を保持する変数
            //フィルタのループ
            for (v=-N; v<=N; v++) {
                for (u=-N; u<=N; u++) {
                    tmp += (h.at<double>(v+N, u+N) * (double)src_img.at<unsigned 
char>(v+y, u+x));
                }
            }
```

```
            //負もしくは輝度値の最大値を超えない処理
            if ((int)tmp < 0){                tmp = 0;
            }else if ((int)tmp >= VAL_MAX) { tmp = VAL_MAX - 1;}

            dst_img.at<unsigned char>(y, x) = (unsigned char)tmp;
        }
    }
    //画像の表示
    cv::imshow("input", src_img);
    cv::imshow("output", dst_img);
    cv::waitKey(); //キー入力待ち
    cv::imwrite("ave.jpg", dst_img); //保存

    return 0;
}
```

2. 重み付き平均化フィルタ

平均化フィルタでは，ノイズ除去に効果がある一方で，画像全体がぼけてしまう．そこで，注目画素に近い周辺画素の重み係数を大きくし，注目画素から離れるほど重み係数を小さくすることで，画像全体がぼけることを防ぐ．重み付き平均化フィルタの例を図3.6に示す．

0	$\frac{1}{6}$	0
$\frac{1}{6}$	$\frac{2}{6}$	$\frac{1}{6}$
0	$\frac{1}{6}$	0

（a） 4近傍

$\frac{1}{16}$	$\frac{2}{16}$	$\frac{1}{16}$
$\frac{2}{16}$	$\frac{4}{16}$	$\frac{2}{16}$
$\frac{1}{16}$	$\frac{2}{16}$	$\frac{1}{16}$

（b） 8近傍

図3.6 重み付き平均化フィルタ

ガウス分布（正規分布）で設計された，これらの重み付きのフィルタをガウシアンフィルタと呼ぶ．ガウス分布は，標準偏差σ，分布中心（平均）をμであるとき，次式で表される．

$$h_g(x) = \frac{1}{\sqrt{2\pi}\,\sigma} \exp\left(-\frac{(x-\mu)^2}{2\sigma^2}\right) \qquad (3 \cdot 4)$$

上記の一次元ガウス分布を二次元に拡張するには，フィルタの中心(u_0, v_0)を利用して次式で記載できる．

$$h_g(u,v)=\frac{1}{2\pi\sigma^2}\exp\left(-\frac{(u-u_0)^2+(v-v_0)^2}{2\sigma^2}\right) \qquad (3\cdot5)$$

ガウシアンフィルタの処理結果は，フィルタサイズに強く依存する．フィルタサイズNは，ガウス分布の性質により，フィルタサイズ$(2N+1)$から，3σ程度[*1]にNが収まるように設計されることが望ましい．5×5（$N=2$）のガウシアンフィルタ$\left(\sigma=\frac{2}{3}=0.6667\right)$を図3.7に示す[*2]．

*1 ±3σ 以内であれば 99.73 % の確率で対象が範囲内に含まれる．

*2 なお，OpenCV では GaussianBlur 関数が用意されている．

0.00004	0.00129	0.00398	0.00129	0.00004
0.00129	0.03774	0.11626	0.03774	0.00129
0.00398	0.11626	0.35810	0.11626	0.00398
0.00129	0.03774	0.11626	0.03774	0.00129
0.00004	0.00129	0.00398	0.00129	0.00004

図3.7　ガウシアンフィルタ（5×5）

3.3　メディアンフィルタ

これまでに説明したフィルタ処理は，フィルタと画像を重ね合わせ，計算結果を注目画素の値として出力する畳み込み演算を行っていた．この演算による処理では，周辺画素の情報を利用してノイズ除去を行うが，解像度を低下させるという欠点をもっている．そこで本節では，フィルタを重ねた局所的領域の画像特徴を保持したままノイズを除去する方法について述べる．

画像の特徴を保持したままノイズを除去する方法の一つとして，メディアンフィルタがあげられる．メディアンの日本語訳は中央値といい，メディアンフィルタの処理では，フィルタで囲まれた範囲の画素の中央値を注目画素の輝度値として採用する．フィルタで囲まれた画素および周辺画素を図3.8で示した例を考える．

メディアン：median

単純な平均化フィルタの場合，$(17+22+23+200+23+20+24+21+19)/9=41$である．左列上2段目の画素（輝度値200）が，他の画素に比べて極端に高く，全体の平均値を求める処理では周辺の輝度値の影響を強く受ける．メディアンフィルタでは，まず注目画

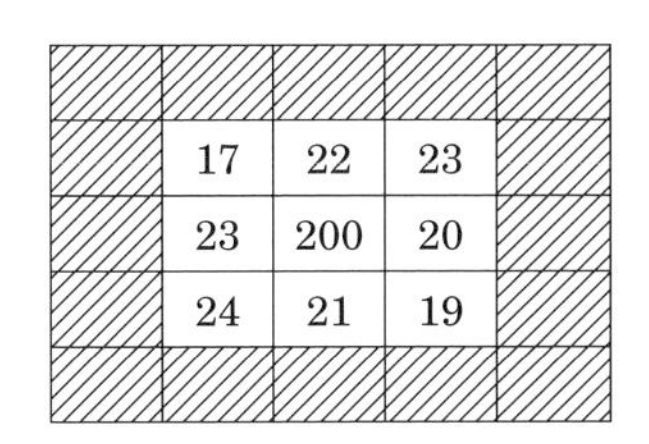

図 3.8　フィルタで囲まれた注目画素と周辺画素

表 3.1　並べ替えた輝度値（図 3.8 の輝度値の利用）

順番	1	2	3	4	5	6	7	8	9
輝度値	17	19	20	21	22	23	23	24	200

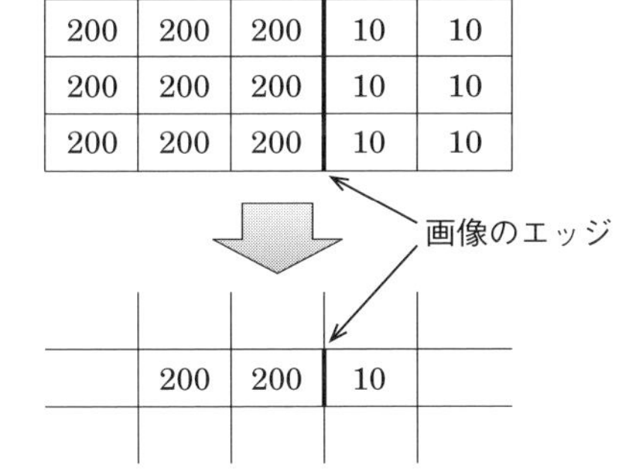

図 3.9　メディアンフィルタによるエッジの保存

素および周辺画素の輝度値を昇順にソート（並べ替え）する．並べ替えた輝度値を表 3.1 に示す．

メディアンフィルタの対象となる 9 画素の中央値は，5 番目の輝度値 22 である．よって，メディアンフィルタの出力値は 22 となり，1 画素が極端に高い（低い）ノイズの影響を受けることが少ない．一方で，注目画素の輝度値は 200 であるため，特徴的な画素であった場合は，誤った結果を出力するという欠点もある．

また，冒頭に述べたように，メディアンフィルタには局所的特徴を保持するという利点がある．図 3.9 に示すように，輝度値 200 の領域と輝度値 10 の領域が隣り合う画像に対して議論する．図 3.9 では輝度値 200 と 10 の境界にエッジ*が存在する．メディアンフィルタを施した場合，領域と領域の境界（エッジ）を保持している

*エッジについての詳細については次章参照.

ことが確認できる．平均化フィルタの場合は，エッジがぼけて局所的特徴を失うが，メディアンフィルタの場合，局所的特徴を保持される．図3.10に入力画像，メディアンフィルタ（5×5）を施した結果を示す．

（a）入力画像

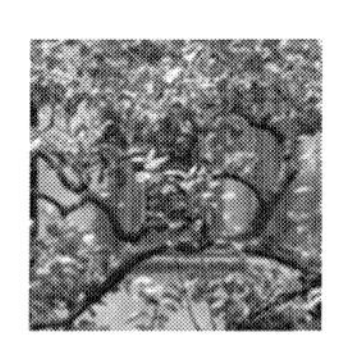

（b）5×5メディアンフィルタ

図3.10　メディアンフィルタを施した結果

メディアンフィルタを施した結果では，全体的に平滑化が掛かっているが，エッジが保存されていることが確認できる．

メディアンフィルタを実現するプログラムを次に示す．

●サンプルプログラム 3.2

```
#include <iostream>
#include <opencv2/opencv.hpp>

#define N (2) //フィルタサイズを決定する数値．フィルタサイズは(2N+1)になる

//木の画像
#define FILENAME "Users/foobar/Pictures/tree.jpg"

int main(int argc, const char * argv[]) {
    int u, v, x, y; //ループ用変数
    //画像の入力（グレースケール）
    cv::Mat src_img = cv::imread(FILENAME, 0);
    if (src_img.empty()) { //入力失敗の場合
        return (-1);
    }
    ///メディアンフィルタ
    cv::Mat h = cv::Mat_<unsigned char>((2*N+1)*(2*N+1), 1);
    //出力画像のメモリ確保
    cv::Mat dst_img = cv::Mat(src_img.size(), CV_8U, 1);
    //画像の走査
    for (y=0; y<src_img.rows; y++) {
        for (x=0; x<src_img.cols; x++) {
            //画像端の処理
            if (x<N || y<N || x>src_img.cols-1-N || y>src_img.rows-1-N) {
                dst_img.at<unsigned char>(y, x) = 0; //画像端は計算不可
                continue;
            }
            //ソート後の値が格納される変数
            cv::Mat h_dst = cv::Mat_<unsigned char>((2*N+1)*(2*N+1), 1);
            //フィルタのループ
            for (v=-N; v<=N; v++) {
                for (u=-N; u<=N; u++) {
                    //値の挿入
                    h.at<unsigned char>((v+N)*(2*N+1)+(u+N))
                        = src_img.at<unsigned char>(v+y, u+x);
                }
            }
            //フィルタ内の値のソート（OpenCV 関数）
            cv::sort(h, h_dst, cv::SORT_EVERY_COLUMN|cv::SORT_ASCENDING);
            //メディアンの値の出力
            dst_img.at<unsigned    char>(y,x)
                =    h_dst.at<unsigned char>((2*N+1)*(2*N+1)/2);
        }
    }

    //表示
    cv::imshow("input", src_img);
    cv::imshow("output", dst_img);
    cv::waitKey(); //キー入力待ち
    cv::imwrite("median5x5.jpg", dst_img);

    return 0;
}
```

演習問題

問 1　ノイズが存在する画像を用意し，結果画像について確認せよ．

問 2　平均化フィルタとメディアンフィルタの処理時間を比較し，どのぐらいの差があるか確認せよ．

問 3　任意の数 n をキー入力により指定し，n 回平均化フィルタを施す処理を行うプログラムを作成せよ．

問 4　フィルタ処理により画像端の計算不可領域を，図 3.3 のように周辺画素の輝度値を入力するプログラムを作成せよ．

第4章

エッジ処理

本章ではエッジ処理について解説する．3.3節で触れたように，エッジ（edge）は画像中に存在する物体の局所的特徴であり，物体抽出・認識に利用されることが多い．エッジの情報を利用することで画像のぼけを鮮鋭化することも可能となる．まずエッジの考え方・定義について述べ，エッジ検出について述べる．

4.1 エッジ検出処理の概要

画像中に物体が存在する場合，物体と背景，もしくは物体と物体の境目は，輝度値が急激に変化する．この境目をエッジと呼び，このエッジを検出する処理について議論する．物体のエッジの例を図4.1に示す．図4.1の例では，グレーの物体と白背景のエッジを点

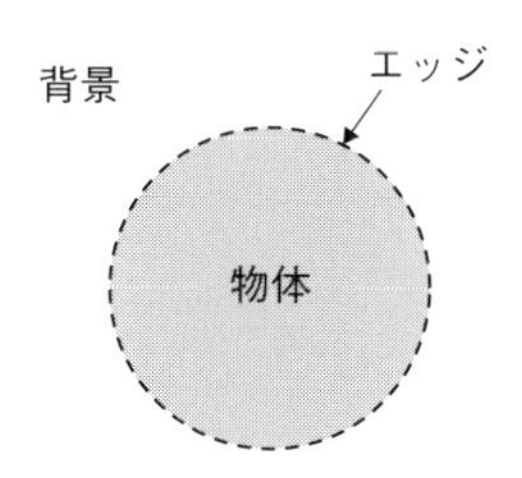

図4.1 物体と背景のエッジ

線で示している．現実の画像には，当然ではあるがエッジ部分にこのような点線は存在しないため，画像処理によってエッジを抽出する．

画像のエッジを抽出することは，物体の境界の情報を取得することである．エッジ抽出により作成された画像では，画像の幾何学的特徴のみが保持され，元の画像に比べてデータ量が削減される．本章ではエッジ抽出の方法について述べるが，風景画像のような複雑な画像特徴をもつ場合，理想的なエッジを抽出することは難しい．特に自然画像の場合，ノイズが含まれることが多いため，前章で述べたノイズ除去を先に施すことが重要である．また，エッジ抽出の方法によっては，エッジが途切れたりすることもあるため，画像特徴に応じた抽出方法の選択が重要となる．

さて，本書における画像のエッジは，物体と物体の境目であると定義している．図4.2のような一次元の画像を考える．図4.2には色のついた画素とその画素値が示されている．読者の多くは左から3番目と4番目の画素間にエッジが存在すると回答するだろう．画像処理ではこのエッジをいかに正確に求めるかが重要であるが，単純な処理ではない．例えば3番目（画素値222）と4番目（画素値8）の画素値の差は，$|222-8|=214$ であり，256段階の画素値を扱う画像としては境界が明瞭である．一方で，5番目（画素値5）と6番目（画素値15）の場合，$|5-15|=10$ と，3，4番目の輝度値差よりは小さいが，エッジとして定義することも可能である．

エッジ検出の方法には，しきい値を基準としてエッジを求める方法や，物体と背景の領域の割合が既知である場合は，その割合をしきい値設定に利用する方法がある．輝度値は環境光などによって必ずしも一定でないため，複雑な環境下においてもエッジ検出可能なアルゴリズムが必要となる．

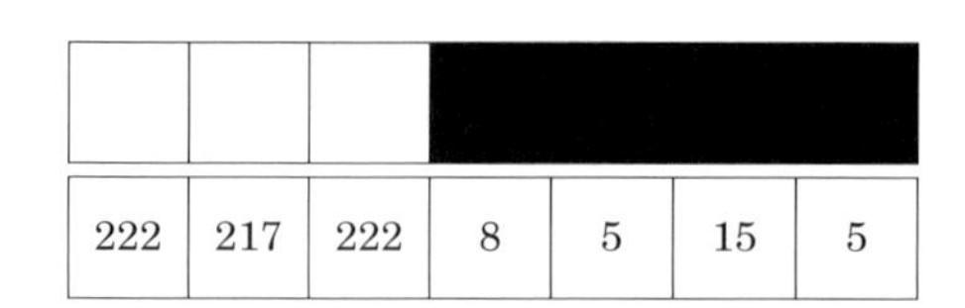

図4.2　エッジが存在する一次元画像および画素値

4.2　微分オペレータ

本節では，エッジを抽出する方法を紹介する．物事を単純化するため，一次元の画像を考える．画素を x，画素 x の画素値を $f(x)$ としたとき，隣り合う画素間の画素値の差 $f'(x)$ は式(4・1)で求められる．

$$f'(x) = f(x+1) - f(x) \qquad (4 \cdot 1)$$

上記の式は隣接画素を右側にとっているが，左側にとることもできる．隣り合う画素の差は，連続関数における微分と同じ考えが成り立つ．この微分をフィルタ化した微分フィルタについて述べる．微分フィルタは，図 4.3 に示すようにいくつか方法がある．

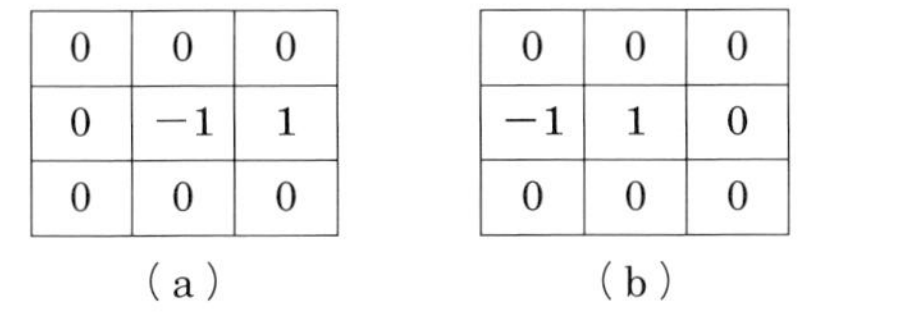

(a)

0	0	0
0	−1	1
0	0	0

(b)

0	0	0
−1	1	0
0	0	0

(c)

0	0	0
−1	0	1
0	0	0

図 4.3　微分フィルタ（横方向）

図 4.3（a）は注目画素と右側と差分を取り，図 4.3（b）は左側と差分をとる微分フィルタである．これらの微分フィルタを施した結果は，隣接画素の差が出力される．図 4.3（a），（b）は注目画素に対して対称ではない．そのため対称型の微分フィルタ（図 4.3（c））が一般的に利用される．図 4.3（c）は注目画素左右の差分値を利用して微分を表現する．

微分フィルタを施した結果を画像として出力する際は，2 点注意しなければならない．1 点目はエッジとして得られた差分値が小さいことである．隣合う画素の値の差が大きくても，入力画像の値域に比べ差分値は基本的に小さい．そのため，例えば差分値を定数倍することで，見てわかるようにエッジを強調する必要がある．2 点目は微分フィルタの処理では差分値を出力とするため，プラスとマイナスの値が存在することである．画素値には負の値を使用できないため，[0 : 255] の値域に正規化する，もしくは負の画素値のみ出力色の変更や，絶対値の利用などの対応が必要となる．

図 4.4 に入力画像と図 4.3（c）の微分フィルタを施した結果を示す．ただし，微分フィルタを施した結果は正と負の値をもつため，そのまま画像として表現できないため，絶対値をとり，さらに画素値を定数倍して強調表示している．図 4.4（b）のエッジ抽出結果では，縦方向のエッジが強調されている．これは横方向の微分を求めているためである．

（a）入力画像

（b）出力結果

図 4.4　微分フィルタを施した結果（図 4.3（c），絶対値，定数倍）

次に縦方向の微分フィルタを紹介する．縦方向の微分フィルタは，横方向のフィルタを 90 度時計回りに回転させた内容になる．図 4.5 に縦方向の微分フィルタを示す．図 4.5（c）のフィルタを適用させた結果を図 4.6 に示す．図 4.6 の結果では，横方向のエッジが強調されていることが確認される．このように抽出したいエッジの特徴によって，フィルタを使い分ける．微分フィルタは，局所的に変化をもつノイズの影響を強く受ける．そのためエッジ抽出の前処理に前節で述べた平滑化を行ってノイズの影響を小さくすることが一般的に行われる．

微分フィルタ（横方向）のプログラムを以下に示す．

0	0	0
0	−1	0
0	1	0

（a）

0	−1	0
0	1	0
0	0	0

（b）

0	−1	0
0	0	0
0	1	0

（c）

図 4.5　微分フィルタ（縦方向）

●サンプルプログラム 4.1

```
#include <iostream>
#include <opencv2/opencv.hpp>

#define VAL_MAX (256) //輝度値の要素数
#define N (1) //フィルタサイズを決定する数値. フィルタサイズは(2N+1)になる
#define FILENAME "Users/foobar/Pictures/input.jpg"
#define M (3) //定数倍（強調用）

int main(int argc, const char * argv[]) {
    int u, v, x, y; //ループ用変数
    //画像の入力(グレースケール)
    cv::Mat src_img = cv::imread(FILENAME, 0);
    if (src_img.empty()) { //入力失敗の場合
        return (-1);
    }
    //微分フィルタ（横方向）
    cv::Mat h = (cv::Mat_<double>(3, 3) << 0, 0, 0, -1, 0, 1, 0, 0, 0);
    std::cout << "m=" << h << std::endl; //フィルタの確認用

    //出力画像のメモリ確保
    cv::Mat dst_img = cv::Mat(src_img.size(), CV_8U, 1);
    //画像の走査
    for (y=0; y<src_img.rows; y++) {
        for (x=0; x<src_img.cols; x++) {
            //画像端の処理
            if (x==0 || y==0 || x==src_img.cols-1 || y==src_img.rows-1) {
                dst_img.at<unsigned char>(y, x) = 0; //画像端は計算不可
                continue;
            }
            double tmp = 0;
            //フィルタのループ
            for (v=-N; v<=N; v++) {
                for (u=-N; u<=N; u++) {
                    tmp += (h.at<double>(v+N, u+N)
                        * (double)src_img.at<unsigned char>(v+y, u+x));
                }
            }
            tmp = M * fabs(tmp); //定数倍 x 絶対値
            //負もしくは輝度値の最大値を超えない処理
            if ((int)tmp < 0){                     tmp = 0;
            }else if ((int)tmp >= VAL_MAX) {  tmp = VAL_MAX - 1;}

            dst_img.at<unsigned char>(y, x) = (unsigned char)tmp;
        }
    }
    //画像の表示
    cv::imshow("input", src_img);
    cv::imshow("output", dst_img);
    cv::waitKey(); //キー入力待ち
    cv::imwrite("edge_vertical.jpg", dst_img);

    return 0;
}
```

図 4.6　微分フィルタを施した結果（図 4.5（c），絶対値，定数倍）

プリューウィット フィルタ：prewitt filter

ノイズの影響を小さくして，エッジを抽出する方法にプリューウィットフィルタがある．プリューウィットフィルタとは，入力画像に対してエッジ抽出を行い，平滑化をすることと同義であるフィルタである．横方向の微分フィルタ，縦方向の平均化フィルタ，そして二つを組み合わせたプリューウィットフィルタを図 4.6 に示す．

0	0	0
−1	0	1
0	0	0

（a）微分フィルタ

0	$\frac{1}{3}$	0
0	$\frac{1}{3}$	0
0	$\frac{1}{3}$	0

（b）平均化フィルタ

−1	0	1
−1	0	1
−1	0	1

（c）プリューウィットフィルタ

図 4.7　微分フィルタ (横方向)，平均化フィルタ，プリューウィットフィルタ

プリューウィットフィルタは，設計上係数をすべて 1 にして取り扱うため，出力結果は通常の 3 倍となる．このフィルタの処理は，図 4.7（a）のフィルタを施した結果に，図 4.7（b）を施した結果と同義*である．縦方向のプリューウィットフィルタは，微分フィルタの設計と同様に 90 度回転させた内容と同じである．縦方向のプリューウィットフィルタを図 4.8 に示す．

*ただし，プリューウィットフィルタの係数は 1 なので，画像として表示する際は定数倍$\left(\frac{1}{3}\right)$して取り扱うことが必要である．

−1	−1	−1
0	0	0
1	1	1

図 4.8 縦方向のプリューウィットフィルタ

ソーベルフィルタ：sobel filter

3.2 節では，平均化フィルタを拡張した，重み付き平均化フィルタについて述べた．プリューウィットフィルタに対して，平均化フィルタの代わりに重み付き平均化フィルタを用いたフィルタをソーベルフィルタと呼ぶ．ソーベルフィルタを図 4.9 に示す．

−1	0	1
−2	0	2
−1	0	1

（a） 縦方向

−1	−2	−1
0	0	0
1	2	1

（b） 横方向

図 4.9 ソーベルフィルタ

なお，ソーベルフィルタは OpenCV では以下のように定義されている．詳細は OpenCV のドキュメントを参照．

```
void Sobel (const Mat& src, Mat& dst, int ddepth, int
xorder, int yorder, int ksize=3, double scale=1,
double delta=0, int borderType=BORDER_DEFAULT)

src:入力画像
dst:srcと同じサイズ・型の出力画像
ddepth: 出力画像のビット深度
xorder: xに関する微分の次数
yorder: yに関する微分の次数
ksize:カーネルのサイズ. 1, 3, 5あるいは7のいずれか
scale:微分値に対するスケールファクタ
delta:dstに格納する前に結果に足される値
borderType:ピクセル外挿手法
```

プリューウィットフィルタ（横方向），ソーベルフィルタ（横方向）を施した結果を図 4.10（b）に示す．ただし，表示のために絶対値および定数倍の処置を施している．ただしこれらの結果は見た目上の違いはあまりない．

（a）プリューウィットフィルタ

（b）ソーベルフィルタ

図 4.10　プリューウィットフィルタ，ソーベルフィルタによる出力結果の違い（横方向，絶対値，定数倍）

4.3　二次微分およびラプラシアンフィルタによるエッジ抽出

前節で述べたエッジ抽出法は，一次微分の考え方に基づいて設計されていた．この方法に対して画像処理では二次微分によりエッジを抽出することがある．二次微分は一次微分した結果にもう一度一次微分を行えばよい．一次微分フィルタ同士の差を求めることを考える．二次微分フィルタは図 4.11 のように求められる．

0	0	0
0	−1	1
0	0	0

−

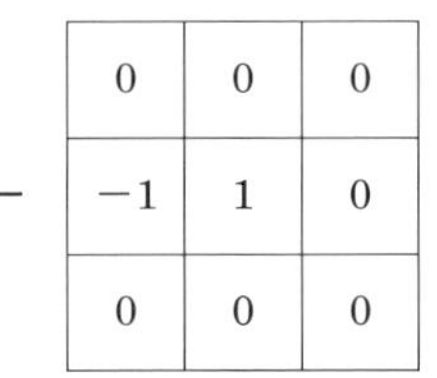

0	0	0
−1	1	0
0	0	0

＝

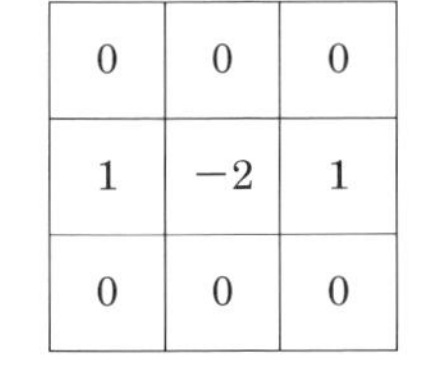

0	0	0
1	−2	1
0	0	0

図 4.11　一次微分フィルタから二次微分フィルタの求め方（横方向）

二次微分の処理工程を図 4.12 の原画像を用いて説明する．図 4.12 には単色の物体が存在し，横方向の画素に注目する．注目した横方向の画素をグラフで表すと，図 4.13（上段）のように示される*．まずこの原画像を一次微分すると，図 4.13（中段）のようにプラスとマイナスのピークが現れる．このピークはエッジとして定義されていた．二次微分の場合は，一次微分をもう一度行うため，一次微分のときに現れたピークそれぞれに対して，プラスとマイナスのピークが現れる．二次微分の結果で得られるエッジは，プラス

＊図 4.12 が人工画像なので厳密には滑らかにならないが，説明の都合，連続空間の自然画像として扱う．

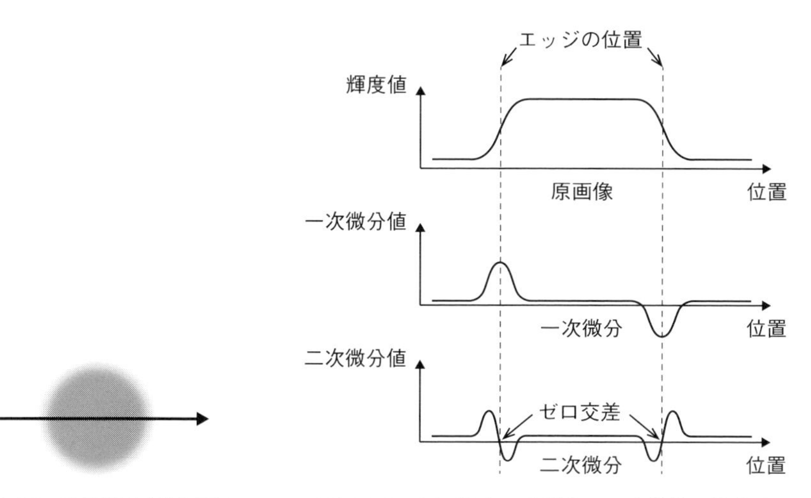

図 4.12　原画像と対象画素

図 4.13　原画像と一次微分，二次微分の模式図

からマイナス，もしくはマイナスからプラスに切り替わる 0 の位置に現れる．現れた位置をゼロ交差と呼ぶ．二次微分は一次微分と同様に雑音の影響を受けやすいため，二次微分を行う前に平滑化を行うことが一般的である．

一次微分，二次微分によるエッジ抽出では，隣接画素の差分を利用するためにプラスとマイナスといったエッジに方向性をもつ．また縦方向，横方向のフィルタが存在している．そこで方向に依存しないエッジ抽出法としてラプラシアンフィルタを紹介する．

縦方向と横方向の二次微分の結果を足し合わせると，ラプラシアンを求めることができる．画像を二変数関数 $f(x, y)$ とするとき，横（x）方向と縦（y）方向の二次微分の和で求められるラプラシアン $L(x, y)$ は式(4・2)で求められる．

$$L(x, y) = \frac{\partial^2}{\partial x^2} f(x, y) + \frac{\partial^2}{\partial y^2} f(x, y) \qquad (4 \cdot 2)$$

このラプラシアンフィルタは，図 4.14 に示すように縦方向と横方向の二次微分フィルタの和で表される．ラプラシアンフィルタによる処理結果を図 4.15 に示す．ラプラシアンフィルタによる処理は二次微分の処理結果と同様にノイズの影響を強く受ける．そのため，事前に平滑化処理を行う必要がある．なお，ラプラシアンフィ

0	0	0
1	−2	1
0	0	0

＋

0	1	0
0	−2	0
0	1	0

＝

0	1	0
1	−4	1
0	1	0

図 4.14　ラプラシアンフィルタの設計方法

図 4.15　ラプラシアンフィルタを施した実行結果

ルタも OpenCV では Laplacian 関数として用意されている．本書では深く言及しないため，OpenCV のドキュメントを参照．

4.4　その他のエッジ検出法（Canny 法）

これまで学習したエッジ検出に基づいて開発された Canny 法について簡単に述べる．Canny 法は 1986 年 John F. Canny によって提案されたエッジ検出法であり，30 年以上経った今でも，有用なエッジ検出法として利用されている．Canny 法は以下の処理で実現できる．

1. 入力画像に対してガウシアンフィルタを施して平滑化
2. 平滑化画像に対して Sobel フィルタ（縦と横の一次微分）の実施
3. 微分画像の大きさと方向の取得
4. Non maximum Suppression 処理（細線化処理）
5. ヒステリシスしきい値処理（二つのしきい値を利用してエッ

図 4.16　Canny 法によるエッジ抽出結果

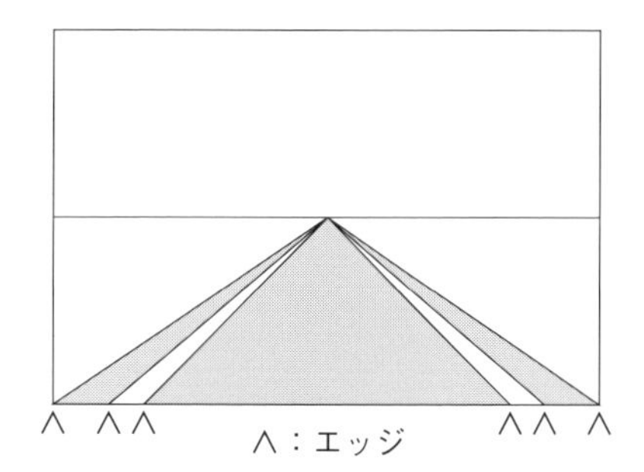

図 4.17　画像処理における道路のエッジ

Column 画像処理におけるエッジ

画像におけるエッジは，画像処理初心者には現実空間の「意味合いをもつ」エッジとしばしば混同することがある．例えば図 4.17 のように道路に白線がペイントされている場合，道路白線自体が実世界では走行車線の境目として意味がある．すなわち白線のどこ（中心なのか，内側なのか，外側なのか）がエッジというわけでなく，白線の存在自体が境界として表される意味をもつ．しかし，画像処理におけるエッジは，1 本の道路白線には内側と外側（右側と左側）2 本のエッジが存在する．車線の境目を白線から検出する場合は，白線 1 本に存在する両端のエッジのどちらかをエッジと定義するか，白線両端のエッジの中央をエッジにするか，もしくは後述するラプラシアンフィルタによるゼロ交差を使用するかなどの抽出技術があげられる．画像処理ではこのように，ある対象においてもどのエッジを対象にするかでアプローチが異なるため，エッジの定義は重要である．エッジ検出について深い興味をもった読者はぜひ論文などを読んでほしい．

　　ジの連結性を保った抽出）

詳細なアルゴリズムについては論文を参照してほしい[1)]．本書では，OpenCV で実装された関数と実行結果（図 4.16）のみ示す．OpenCV では上記の処理を cv::Canny 関数の 1 行で実現できる．

●サンプルプログラム 4.2

```
#include <iostream>
#include <opencv2/opencv.hpp>

#define FILENAME "Users/foobar/Pictures/input.jpg"

int main(int argc, const char * argv[]) {
    //画像の入力（グレースケール）
    cv::Mat src_img = cv::imread(FILENAME, 0);
    if (src_img.empty()) { //入力失敗の場合
        return (-1);
    }

    //出力用の画像の宣言
    cv::Mat dst_img;
    cv::Canny(src_img, dst_img, 50, 200); //キャニーフィルタ

    //表示
    cv::imshow("input", src_img);
    cv::imshow("output", dst_img);
    cv::waitKey(); //キー入力待ち
    cv::imwrite("edge_canny.jpg", dst_img);

    return 0;
}
```

演習問題

問 1　本書で紹介したエッジ検出以外の方法（フィルタ以外でもよい）を調査し，特徴をまとめよ．

問 2　4.3 節で紹介した Canny フィルタを自作せよ．

問 3　平均化フィルタを施した後に微分フィルタを施した結果と，微分フィルタを施した後に平均化フィルタを施した結果を比較し，考察せよ．

問 4　斜め方向のエッジを強調するアルゴリズムについて検討せよ．

第5章

二値画像処理

本章では，二通りの画素値をもつ二値画像とその処理に関して解説する．二値画像は，画像からの領域抽出やクロマキー処理などに用いられる有用な画像である．その二値画像を作成する二値化処理の原理と共に，二値化の重要なパラメータであるしきい値の決定方法に関して学ぶ．次に二値画像に対する画像処理として，基本的な考え方である連結性および4近傍・8近傍に関して理解する．そして，二値画像活用のために有用な処理である，ノイズ成分を除去する膨張収縮処理や異なる領域を区別するためのラベリング処理および輪郭追跡処理に関して学ぶ．これらの処理では，対象画像の性質を把握することが重要となる．

5.1　二値化

1．二値画像とは

前章までは，画像中の各画素値が明るさの度合い（輝度）を表す輝度画像を扱ってきた．例えば各画素が8ビットデータとして表現される輝度画像の場合，輝度は最も暗い0から最も明るい255までの256通りで表される．本章ではこの輝度を単純化して，暗い画素・明るい画素の二通りに限定した画像を扱う．このような画像を二値画像：
binary image

特に二値画像と呼ぶ.

二値画像は，画像内の各画素を暗い（黒い）画素と明るい（白い）画素の二通りに分類する．そこで，画像から特定の領域や輪郭を指定する場合や，処理対象を抜き出すために，二値画像を用いることができる．二値画像の例を図 5.1 に示す．図 5.1 左上は文書画像の例である．この画像に対し，OCR 処理（文字読み取り）のために文字領域を抽出する二値画像を作成する．その二値画像例は図 5.1 右上のとおりである．また，図 5.1 左下はカメラで撮影したカラー画像の例である．この画像に対し，クロマキー処理（処理対象抜き出し）のために領域指定を行う二値画像を作成する．その二値画像（マスク画像）例は図 5.1 右下のとおりである．

下記日程に合わせて必要な書類等を
都合上、管理部通知の期日より少し早
おりますのでご注意頂き、期限厳守

二値
画像
作成

文書画像　　二値画像（文字領域）

カラー画像　　二値画像（マスク画像）

図 5.1　二値画像の例

2. 二値化処理

二値画像はさまざまな種類の画像から作成することができる．この処理を二値化処理と呼ぶ．ここでは，輝度画像から二値画像を作成する処理を説明する．

二値化処理：
binarization

輝度画像を二値化するためには，各画素に対して暗い画素（黒画素）に属するのか明るい画素（白画素）に属するのかを判定する必要がある．最も単純な二値化手法は，あるしきい値 TH を設定して，各画素が TH より大きければ白画素，それ以外は黒画素に属すると判定するものである．式で表すと

$$bin\_img(x,y) = \begin{cases} HIGHVAL & \text{if} \quad gray\_img(x,y) \quad > \quad TH \\ LOWVAL & \text{それ以外} \end{cases} \tag{5・1}$$

と書くことができる．ここで $gray\_img(x,y)$ は輝度画像の各画素，$bin\_img(x,y)$ は二値画像の各画素，$HIGHVAL$ は白画素の画素値（8 ビットデータの場合通常 255），$LOWVAL$ は黒画素の画素値（同じく 0）である．この式に基づいたプログラムの例をサンプルプログラム 5.1 に示す．また，そのプログラムにより二値化処理された例を図 5.2 に示す．

サンプルプログラム 5.1 および図 5.2 の二値化処理例では，二値化のためのしきい値 TH を 100 と設定している．このしきい値は，対象とする輝度画像や用途によって最適な値が異なる．そこで，しきい値を決める方法が重要になる．

P タイル法：Percentile method

しきい値を決める方法の一つに，P タイル法がある．P タイル法は，二値化処理により検出したい領域が画像全体内に占める割合（p パーセント）をあらかじめ定めることができる場合に用いることができる．はじめに，対象画像の輝度ヒストグラムを求める（2.3 節参照）．次に，図 5.3 のように TH 以上の輝度値を持つヒストグラムの累積画素数が全体の画素数の p パーセントとなるように TH

（a）輝度画像

（b）二値画像

図 5.2　二値化処理の例

●サンプルプログラム 5.1

```
/*** 二値化処理のプログラム ***/
#include <iostream>
#include <opencv2/opencv.hpp>

#define HIGHVAL (255)    // 白画素の値
#define LOWVAL (0)       // 黒画素の値
#define TH (100)          // しきい値
#define FILENAME "/Users/foobar/Pictures/lenna.jpg"   // 対象画像

int main(int argc, const char * argv[])
{
    // 変数定義
    cv::Mat src_img, gray_img, bin_img;
    // 画像入力
    src_img = cv::imread(FILENAME, cv::IMREAD_COLOR);
    if (src_img.empty()) {  // 画像ファイル読み込み失敗
      printf("Cannot read image file: %s\n", FILENAME);
      return (-1);
    }
    // 輝度画像への変換
    cv::cvtColor(src_img, gray_img, cv::COLOR_BGR2GRAY);

    // 二値画像の生成
    bin_img.create(gray_img.size(), gray_img.type());
    // 二値画像への変換
    for (int y=0; y<gray_img.rows; y++) {
        for (int x=0; x<gray_img.cols; x++) {
            if (gray_img.at<unsigned char>(y,x) > TH) {
                bin_img.at<unsigned char>(y,x) = HIGHVAL;
            } else {
                bin_img.at<unsigned char>(y,x) = LOWVAL;
            }
        }
    }

    //画像表示
    cv::imshow("input image", src_img);
    cv::imshow("grayscale image", gray_img);
    cv::imshow("binary image", bin_img);
    //キー入力待ち
    cv::waitKey(0);
    return (0);
}
```

を決定する．図 5.2 の輝度画像に対して，P タイル法（$p=0.5$）を用いた場合の二値画像は図 5.4（a）のようになる．この場合のしきい値は，$TH=129$ であった．

輝度ヒストグラムを用いてしきい値を決める他の方法としては，

モード法や判別分析法がある．モード法は，図5.3のように輝度ヒストグラムが二つの山をもつ場合，その間の谷の底値をしきい値とする方法である．また判別分析法は，しきい値で分割した二つのクラス間分散が最大になるようにしきい値を決定する方法である（大

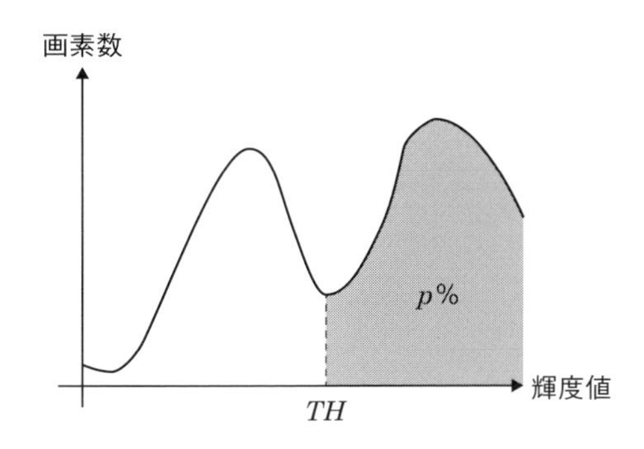

図5.3　Pタイル法の原理

（a）　Pタイル法（p=0.5）　　（b）　判別分析法

図5.4　他手法による二値化処理の例

Column　OpenCV関数による二値化処理

OpenCVには二値化処理関数としてthresholdが用意されている．サンプルプログラム5.1における二値化処理（四角で囲まれた部分）は，以下のように記載することができる：

```
cv::threshold(gray_img, bin_img, TH, HIGHVAL, cv::THRESH_BINARY);
```

最後の引数であるTHRESH_BINARYを変えることで，他の二値化処理手法を用いることもできる．例えば，THRESH_BINARY | THRESH_OTSUとすることで，大津の判別分析法を用いることができる．

津の二値化手法とも呼ばれる）．図 5.4（ｂ）は，判別分析法により得られた二値画像である．

5.2　二値画像処理

1．二値画像処理とは

前節で述べたように，二値画像は例えば OCR 処理やクロマキー処理のための領域抽出に用いることができる．しかし，その目的に適した二値画像を得るためには，二値化処理だけでは不十分である．例えば，同じ領域であると思われる部分を一つにまとめ，異なる領域どうしは区別をつけて処理できるようにする必要がある．本節では，このような二値画像に対する基本的な処理である二値画像処理に関して述べる．

近傍：neighbor

はじめに，二値画像処理を行う際の基本的な考え方である連結性に関して説明する．連結性とは，二値化処理によって得られた白画素どうし（あるいは黒画素どうし）をつながっている（連結している）とみなすかどうかの基準である．図 5.5 は，注目している中心の画素 C とその画素に対して連結しているとみなされる画素 N を表し，左は 4 連結，右は 8 連結の基準によって決められている．連結している画素 N は，注目画素 C に対する近傍画素，もしくは近傍と呼ばれる．連結性の基準により近傍画素が異なり，それぞれ 4 近傍，8 近傍と呼ばれる．4 近傍と 8 近傍の違いは，注目画素 C に対して斜めに位置する画素を近傍画素とみなさないか，みなすかで

（ａ）　4連結

C：注目画素
N：近傍画素

（ｂ）　8連結

図 5.5　連結性と近傍画素

ある．

連結性の違いにより，例えば同じであるとみなされる領域が異なってくる．例えば図 5.6 左の白画素領域 A と B は，4 連結の基準では別々の領域とみなされる．一方 8 連結の基準では，斜め位置の近傍画素が存在するため，同一の領域とみなされる（図 5.6 右）．

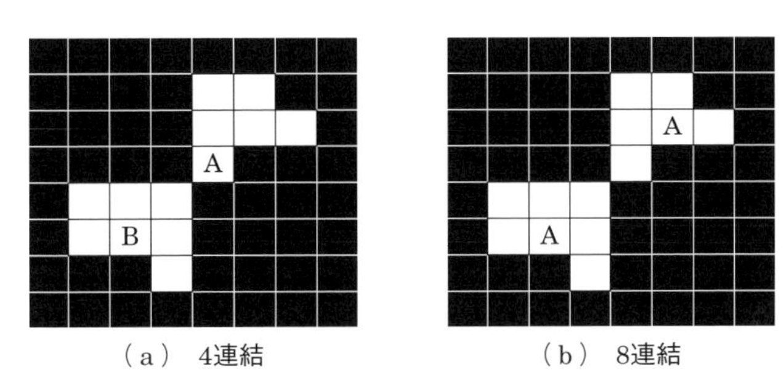

図 5.6 連結性による同一領域の違い

2. 膨張収縮処理

二値化処理の性能や対象画像の撮影状況などによって，二値画像に望ましくない画素が出力されることがある．例えば図 5.7 のように，黒画素領域に発生する小さな白画素群（ノイズ）や，逆に白画素領域に発生する小さな黒画素群（穴）である．このようなノイズ成分を除去するための手法として，膨張収縮処理を用いることができる．膨張収縮処理は，画素領域の形状を変形させるモルフォロジー演算の一種である．以下では，白画素領域を抽出対象領域，黒画

モルフォロジー演算：morphology

図 5.7 二値画像におけるノイズ成分の例

素領域を背景領域とする．

膨張処理：
dilation

膨張処理は図5.8上のように，白画素の近傍にある黒画素を白画素に置き換えることによって，白画素領域を膨張させる処理である（図5.8は8近傍の場合）．この処理は，各黒画素の近傍に白画素があれば，その黒画素を白画素（図中のD）に置き換える処理としても実現できる．一方，収縮処理は図5.8下のように，白画素の近傍に黒画素があれば，その白画素を黒画素（図中のE）に置き換えることによって白画素領域を収縮させる処理である．この処理は，黒画素領域を膨張させる処理であるとみなすこともできる．

収縮処理：
erosion

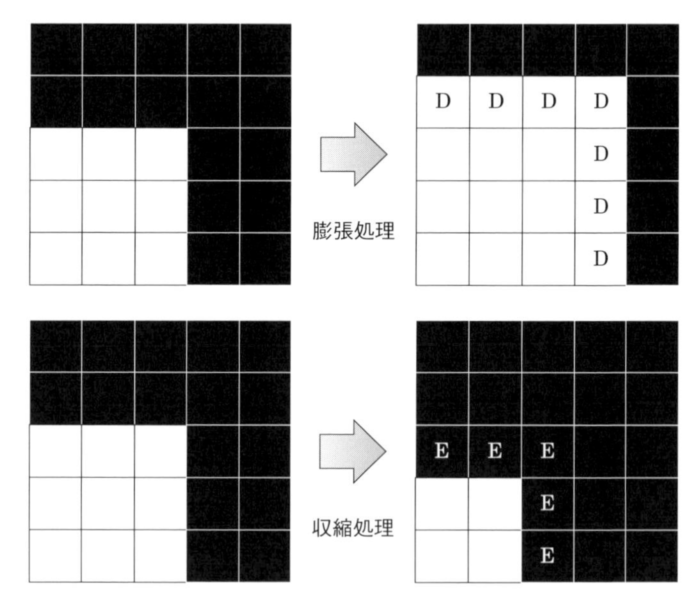

図5.8　膨張収縮処理（8近傍の場合）

この原理に基づいた膨張処理プログラムの例をサンプルプログラム5.2に示す．プログラム内の配列*delta*は近傍画素の相対位置を定義しており，この場合8近傍を表している．また収縮処理は上でも述べたように，プログラム内の膨張処理（四角で囲まれた部分）における変数*LOWVAL*と*HIGHVAL*を入れ替えることで実現できる．サンプルプログラム5.2により膨張処理された画像の例を図5.9に示す．各白画素領域が一回り大きくなり，左下白画素領域内

●サンプルプログラム 5.2

```
/*** 膨張処理のプログラム ***/
#include <iostream>
#include <opencv2/opencv.hpp>

#define HIGHVAL (255)    // 白画素の値
#define LOWVAL (0)       // 黒画素の値
#define FILENAME "/Users/foobar/Pictures/figures_binarized.png" // 対象二値画像
#define NEIGHBORS (8)  // 近傍基準（この場合8近傍）
int delta[NEIGHBORS][2] ={{-1,-1},{0,-1},{1,-1},{-1,0},{1,0},{-1,1},{0,1},{1,1}};
                                  // 注目画素から見た近傍画素の相対位置

int main(int argc, const char * argv[])
{
    // 変数定義
    cv::Mat bin_img, dilated_img;
    int nx, ny;
    // 画像入力
    bin_img = cv::imread(FILENAME, cv::IMREAD_GRAYSCALE);
    if (bin_img.empty()) {  // 画像ファイル読み込み失敗
        printf("Cannot read image file: %s\n", FILENAME);
        return (-1);
    }
    // 膨張画像の生成  （生成時は黒画素で占められているとする）
    dilated_img.create(bin_img.size(), bin_img.type());
    dilated_img.setTo(LOWVAL);

    // 膨張処理
    for (int y=0; y<bin_img.rows; y++) {
      for (int x=0; x<bin_img.cols; x++) {
        if (bin_img.at<unsigned char>(y,x) == HIGHVAL) {      // 白画素の場合
          dilated_img.at<unsigned char>(y,x) = HIGHVAL;    // 注目画素を白画素にする
          for (int idx=0; idx<NEIGHBORS; idx++) { // 近傍画素も白画素にする
            nx = x + delta[idx][0];
            ny = y + delta[idx][1];
            if (nx >= 0 && nx < dilated_img.cols && ny >= 0 && ny < dilated_img.rows) {
                dilated_img.at<unsigned char>(ny,nx) = HIGHVAL;
            }
          }
        }                                                      // 黒画素の場合は何もしない
      }
    }

    //画像表示
    cv::imshow("input image", bin_img);
    cv::imshow("dilated image", dilated_img);
    //キー入力待ち
    cv::waitKey(0);
    return (0);
}
```

の黒画素（穴）の一部が埋められていることがわかる．

このような膨張処理を複数回繰り返した後に収縮処理を同じ回数繰り返すことで，二値画像内の小黒画素群（穴）を取り除く処理をクロージングと呼ぶ．逆に，収縮処理を複数回繰り返した後に膨張処理を同じ回数繰り返すことで，二値画像内の小白画素群（ノイ

クロージング：closing

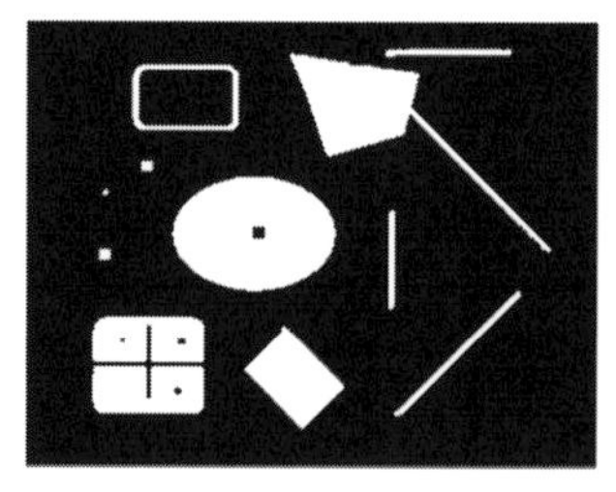

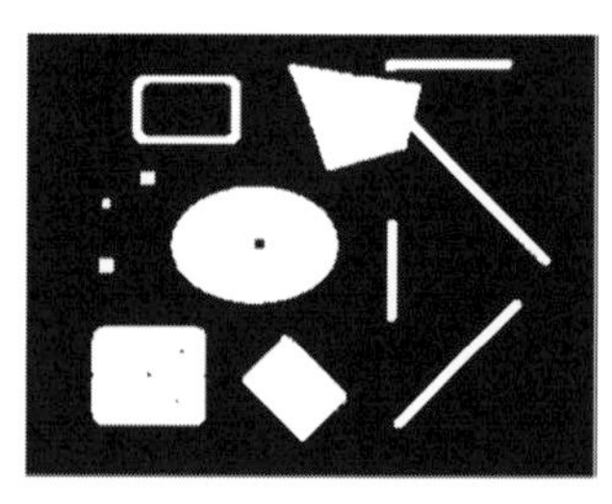

図 5.9　膨張処理の例

図 5.10　クロージング・オープニングの例

オープニング：opening

ズ）を取り除く処理をオープニングと呼ぶ．繰り返し回数は，どの程度の大きさの画素群をノイズや穴とみなすかによる．図 5.10 は，図 5.1 のマスク画像を作成するためにクロージングおよびオープニングを行った例である．ノイズや穴が取り除かれ，単純なマスク領域になっていることがわかる．

Column　OpenCV 関数による膨張収縮処理

OpenCV には膨張収縮処理関数として dilate および erode が用意されている．例えばサンプルプログラム 5.2 における膨張処理（四角で囲まれた部分）は，以下のように記載することができる：

```
cv::dilate(bin_img, dilated_img,
cv::getStructuringElement(cv::MORPH_RECT, cv::Size(3,3)),
cv::Point(-1,-1), 1);
```

3 番目の引数は近傍画素を定義しており，この場合 8 近傍を指定している（単に cv::Mat() と省略することも可能である）．4 近傍を指定する場合は，MORPH_RECT の代わりに MORPH_CROSS を用いる．5 番目の引数は膨張処理の繰り返し回数を指定する（上記では 1 回）．収縮処理関数 erode の使い方も同様である．

3. ラベリング処理

ラベリング：labeling

二値化処理や膨張収縮処理によって得られた画素領域は，画像内に一つだけの場合もあれば複数個存在している場合もある．この領域を区別するために，各画素に番号（ラベル）をつける処理をラベリングと呼ぶ．ラベルを用いてそれぞれの画素領域を指定することで，領域ごとの処理を行うことなどが可能になる．図 5.11 は，複数の領域をもつ二値画像に対して作成されるラベル画像の例である．各画素にラベルがつけられ，同じラベルをもつ画素が同じ領域に属することを表している．

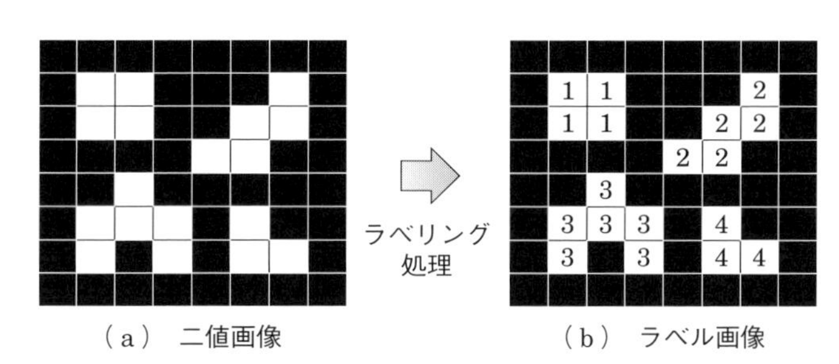

図 5.11　ラベル画像の例

はじめに簡単なラベリングアルゴリズムを説明する．図 5.11 左の二値画像を例として，左上から右下まで順に走査する．白画素があればラベリングを行う．このとき，近傍にラベリング済の白画素があれば，同じラベルを付与する．図 5.12 左の左上領域では，まず左上の画素にラベル 1 がつけられる．その右画素や下画素（図中の①）が走査されたときには，この左上の画素が 4 近傍に位置して

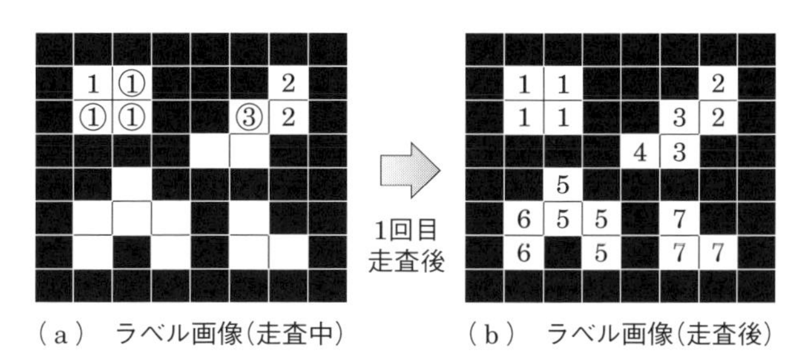

図 5.12　ラベリング処理の例（4 近傍，1 回目走査）

いるため，同じラベル1がつけられる．一方右上領域では，まずラベル2がつけられるが，その左下画素（図中の③）が走査されたときには，この右上の画素が4近傍に位置していないため，異なるラベル3がつけられる．図5.12右は，1回目の走査が終了したときのラベル画像である．同じ領域内で複数のラベルがつけられていることがわかる．

以後はこの走査を繰り返し，走査対象である自ラベルより近傍画素のラベルが小さければ，その中の最小ラベルに自ラベルを更新する．更新がなくなったら終了する．図5.13左は2回目走査後のラベル画像で，図5.12左における③画素は右側の画素にラベル2があるため，ラベル2に更新されたことがわかる（図5.13で下線のついた数字が，更新されたラベルを表す）．図5.13右は3回目走査後のラベル画像で，つけられた数字は異なるが，図5.11右のラベル画像と同じように領域の区別ができていることがわかる．

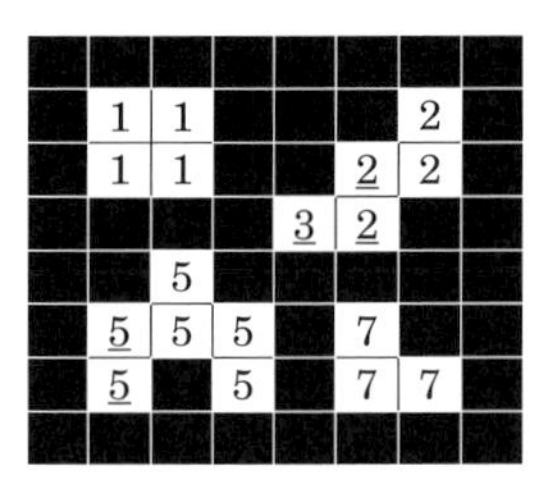

（a）　ラベル画像(2回目走査後)

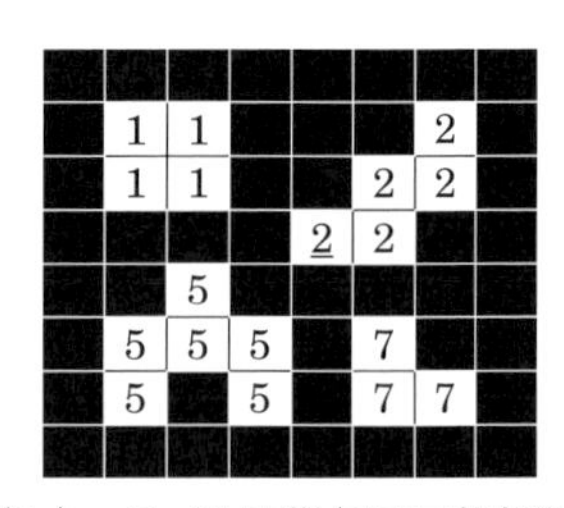

（b）　ラベル画像(3回目走査後)

図5.13　ラベリング処理続き（下線は更新されたラベル）

このアルゴリズムに基づいたラベリングプログラムの例を，サンプルプログラム5.3および5.4に示す．ラベル画像は比較的大きな正の整数を格納する必要があるため，プログラム内では16ビット符号なし整数（OpenCVの定義ではCV_16UC1，型はuint16_t）で定義している．このプログラムによりラベリング処理を行った例を図5.14に示す．この例では5番目のラベルを選択し，そのラベルをもつ画素からなる楕円領域が描画されている．

上記のアルゴリズムは近傍画素のラベルとの比較に基づいて更新処理を行うため，すべての更新が終了するまでに時間がかかる（図5.14の例では75回更新処理を繰り返す）．そこでラベル間の近傍関

●サンプルプログラム 5.3

```
/*** ラベリング処理のプログラム ***/
#include <iostream>
#include <opencv2/opencv.hpp>

#define HIGHVAL (255) // 白画素の値
#define FILENAME "/Users/foobar/Pictures/figures_binarized.png" // 対象二値画像
#define NOLABEL (0)           // ラベルなしの値
#define MAXLABEL (65535)      // ラベル番号の上限値
#define NEIGHBORS (4)         // 近傍画素数（4 近傍の場合）
int delta[NEIGHBORS][2] ={{0,-1},{-1,0},{1,0},{0,1}};
                             // 注目画素から見た近傍画素の相対位置
int main(int argc, const char * argv[])
{
    // 変数定義
    cv::Mat bin_img, labeled_img, result_img;
    int nx, ny;
    unsigned int currentLabel, neighborLabel, minNeighborLabel, labelNo = 0;
    bool isUpdated;

    // 画像入力
    bin_img = cv::imread(FILENAME, cv::IMREAD_GRAYSCALE);
    if (bin_img.empty()) { // 画像ファイル読み込み失敗
         printf("Cannot read image file: %s¥n", FILENAME);
         return (-1);
    }
    // ラベル画像の生成 （初期値はラベルなし）
    labeled_img.create(bin_img.size(), CV_16UC1); labeled_img.setTo(NOLABEL);

    /*** ラベリングアルゴリズム本体がここに入る ***/

    // 特定ラベルの画素領域だけ描画
    result_img.create(bin_img.size(), bin_img.type());
    for (int y=0; y<result_img.rows; y++) {
        for (int x=0; x<result_img.cols; x++) {
             currentLabel = labeled_img.at<uint16_t>(y,x);
             if (currentLabel == 描画したいラベル番号) {
                  result_img.at<unsigned char>(y,x)=HIGHVAL;
             }
        }
    }
    //画像表示
    cv::imshow("input image", bin_img);
    cv::imshow("labeled image", result_img);
    //キー入力待ち
    cv::waitKey(0);
    return (0);
}
```

●サンプルプログラム 5.4

```
//更新がなくなるまで走査処理を繰り返す
do {
  isUpdated = false;
  for (int y=0; y<bin_img.rows; y++){
    for (int x=0; x<bin_img.cols; x++){
      if (bin_img.at<unsigned char>(y,x) == HIGHVAL){   //注目画素が白画素の場合
        currentLabel = labeled_img.at<uint16_t>(y,x);//注目画素の現ラベル値を取得
        minNeighborLabel = MAXLABEL;            //最小近傍ラベル値の初期値設定（上限値）
        for (int idxN=0; idxN<NEIGHBORS; idxN++){  //近傍画素を探索する
            nx = x + delta[idxN][0]; ny = y + delta[idxN][1];
            if (nx >= 0 && nx < labeled_img.cols && ny >= 0 && ny < labeled_img.rows){
                  neighborLabel = labeled_img.at<uint16_t>(ny,nx);
                  if (neighborLabel != NOLABEL && neighborLabel < minNeighborLabel){
                    minNeighborLabel = neighborLabel;
                    //近傍画素のラベル値がこれまでの最小ならば更新
                  }
            }
        }
        if (currentLabel == NOLABEL){ //注目画素のラベルがない場合（１回目）
            if (minNeighborLabel < MAXLABEL){ //近傍画素にラベル値があれば
               labeled_img.at<uint16_t>(y,x) = minNeighborLabel; //最小近傍ラベル値に更新
            } else {                                   //近傍画素にラベル値がなければ
              labeled_img.at<uint16_t>(y,x) = ++labelNo;      //新規ラベルを注目画素に付与
            }
            isUpdated = true;                       //更新フラグを立てる
        } else {                      //注目画素のラベルがある場合（２回目以降）
            if (minNeighborLabel < currentLabel) { //現ラベルより近傍最小ラベル値が小さければ
               labeled_img.at<uint16_t>(y,x) = minNeighborLabel; //最小近傍ラベル値に更新
               isUpdated = true;                    //更新フラグを立てる
            }
        }
      }
    }                              //黒画素の場合は何もしない
   }
  }
} while(isUpdated);
```

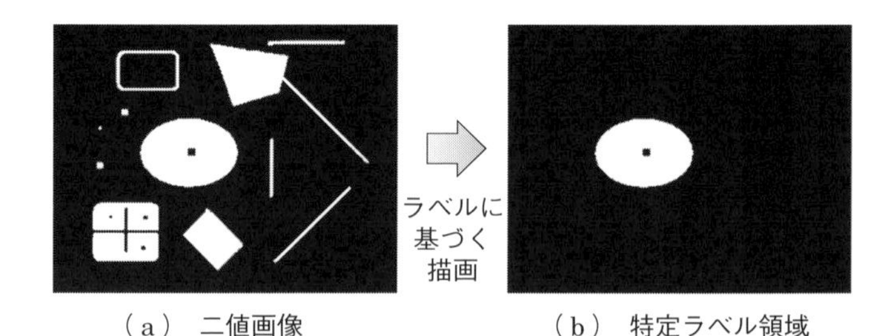

（a）　二値画像　　　　（b）　特定ラベル領域

図 5.14　ラベリング処理の例

係を1回目の走査で記録して，その内容に基づき更新処理を行うことで処理時間を短縮するルックアップテーブル法がある．例えば図5.12の場合，1回目の走査で図5.15のルックアップテーブルが作成される．近傍ラベルは，表左のラベルを画素につける際に，近傍にあることが判明したラベルの集合である（自分自身を含む）．

このルックアップテーブルを整理することで，図5.16の全近傍ラベルおよび最小ラベルを得ることができる．例えばラベル2の全近傍ラベルは，ラベル3の近傍ラベルを調べ，そこからさらにラベル4の近傍ラベルを調べることで求められる．

この整理されたルックアップテーブルを用いて，図5.12右のラベル画像における各ラベルをすべて最小ラベルに更新することで，図5.13右と同じラベル画像を得ることができる．ルックアップテーブルの整理にはラベル画像の繰り返し更新ほど時間がかからないことから，処理時間を短縮することができる．

ラベル	近傍ラベル
1	1
2	2, 3
3	3, 4
4	4
5	5, 6
6	6
7	7

図5.15　ルックアップテーブルの例

ラベル	全近傍ラベル	最小ラベル
1	1	1
2	2, 3, 4	2
3	2, 3, 4	2
4	2, 3, 4	2
5	5, 6	5
6	5, 6	5
7	7	7

図5.16　整理されたルックアップテーブルの例

Column　OpenCV関数によるラベリング処理

OpenCVバージョン3からはconnectedComponentsというラベリング関数が用意されている．例えばサンプルプログラム5.4は，以下のように記載することができる：

```
int N = cv::connectedComponents(bin_img, labeled_img, 4, CV_16U);
```

関数はラベル数Nを返却する．3番目の引数は連結性を指定し，この場合4近傍である（デフォルトは8近傍）．4番目の引数はラベル画像の型を指定する（デフォルトはCV_32S）．2番目の引数であるラベル画像には，0からN-1までのラベルが各画素に格納される．ラベル0は背景領域を表す．

4. 輪郭追跡処理

二値化処理やラベリング処理により得られた画素領域を表す有用な特徴として，領域の輪郭がある．図5.17は二値画像に対する輪郭の例であり，領域と背景との境界である外輪郭や，領域中の穴を囲む内輪郭がある．

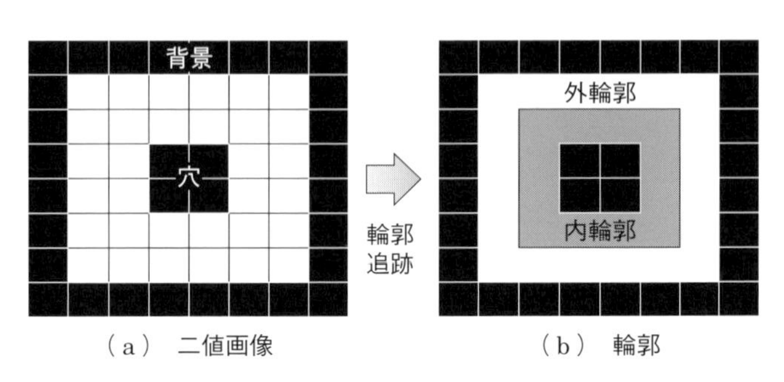

図5.17　輪郭の例

輪郭追跡：
contour tracking

これらの輪郭は，連結している画素集合の境界を探す輪郭追跡により得ることができる．ここでは8近傍での輪郭追跡アルゴリズムを説明する．ラベリング処理の際と同様に，はじめに左上から右下まで順に白画素の走査を行う．白画素が見つかれば，その画素を輪郭追跡の開始位置，その一つ左側の位置を直前の追跡位置として，以下の処理を行う．

1. 現在注目している画素を中心に，その直前の追跡位置から反時計回りの順序で白画素を探索する（図5.18参照）．白画素が見つかれば，次へ進む．
2. 見つかった白画素を注目画素に変更し，追跡済とマークする．前回の注目画素を直前の追跡位置に変更する．
3. 注目画素の位置が開始位置でない場合，1.に戻り処理を続ける．
4. 注目画素の位置が開始位置である場合，1.の探索処理を行った結果見つかった白画素が追跡済とマークされているならば，追跡処理を終了する．追跡済でない場合は，そのまま2.に戻り処理を続ける．

例えば図5.19左の二値画像を対象に上記のアルゴリズムで輪郭

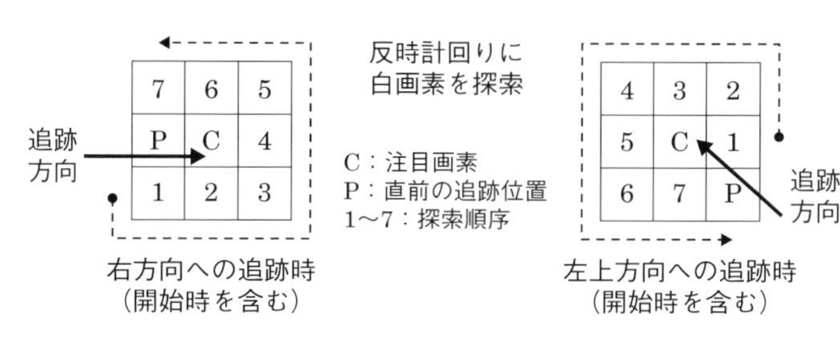

図 5.18　画素の探索順序

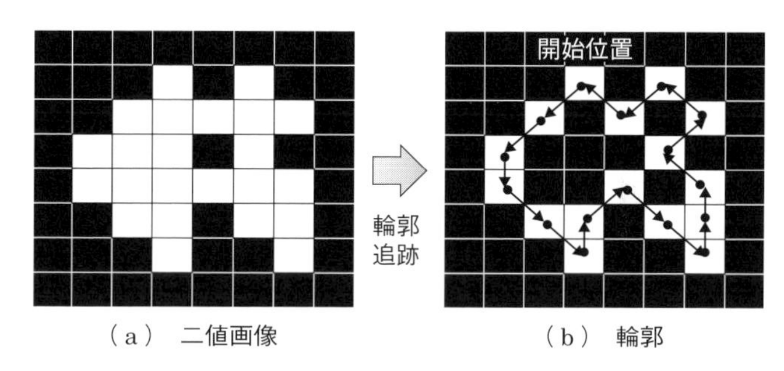

（a）　二値画像　　（b）　輪郭

図 5.19　輪郭追跡処理の例

追跡処理を行うと，図 5.19 右のような輪郭が得られる．

輪郭追跡処理の結果得られた輪郭はどのように記述すればよいだろうか．簡単な方法としては輪郭を構成する画素位置を追跡順に並べる方法が考えられるが，ここでは輪郭追跡時に得られた追跡方向を用いて記述する方法を説明する．これをチェーンコードと呼ぶ．

チェーンコード：
chain code

Column　OpenCV 関数による輪郭追跡処理

輪郭追跡処理関数として，OpenCV には findContours が用意されている．例えば以下のように記載することができる：

```
cv::findConours (bin_img, contours, hierarchy,
cv::RETR_EXTERNAL, cv::CHAIN_APPROX_NONE);
```

1 番目の引数で対象画像を指定する（二値画像など）．2 番目の引数 contours に輪郭の座標列が格納される．3 番目の引数には内輪郭が検出された場合の構造関係を記す変数を指定する．4 番目の引数はどの輪郭を追跡・抽出するかを指定する（上記は外輪郭だけ）．5 番目の引数は輪郭を線分近似する場合などに指定する（上記は近似なし）．

チェーンコードは，輪郭の開始位置と追跡方向を表すコードからなる．追跡方向のコードは，例えば図5.20のように定義することができる．この場合図5.19右の輪郭は，開始位置とコード（5, 5, 6, 7, 7, 2, 1, 7, 7, 2, 2, 3, 1, 3, 5, 3）で表される．

3	2	1
4	C	0
5	6	7

C：注目画素
1～7：探索順序

図5.20　チェーンコード

5. その他の二値画像処理

ラベリング処理や輪郭追跡処理により得られた各領域は，輪郭以外にもその形状特徴を求めることができる．形状特徴には領域の重心や面積などがある（7.4節参照）．

また，得られた領域が線状である場合は，細線化を行うことでその概形を記述することができる．

演習問題

問1　二値画像は二通りの画素値だけをもつため，通常の輝度画像より使用メモリ領域を減らすことが原理上可能である．例として8ビット輝度画像に比べ，何分の一のメモリ領域に減らすことが可能か．

問2　二値化処理の一手法に大津の二値化手法がある．その原理を調べて説明せよ．

問3　膨張収縮処理を用いたクロージング・オープニングでノイズ成分を除去するために考慮すべき点を述べよ．

問4　ラベリング処理を効率化するために本章で解説したルックアップテーブル法をプログラム化せよ．

第6章

画像の空間周波数解析

本章では画像の空間周波数解析について学ぶ．周波数とは単位時間あたりの波の繰り返し回数を表す．２次元平面の波（画像の場合，縞模様と考えてよい）の場合は，縦と横の２次元の軸で周波数が定義され，これを空間周波数と呼ぶ．この画像の空間周波数を解析することで画像のさまざまな特徴を抽出することが可能である．具体的には，画像のデータ量を大幅に減らす，画像のノイズを軽減する，などということができる．

本章では，一般的なフーリエ変換について解説した後に，フーリエ変換を利用したフィルタ処理について解説する．また，画像などのデジタル処理のための離散フーリエ変換，離散コサイン変換について解説する．

6.1　画像の周波数成分

画像の周波数を理解するために，最初に1次元の波形で考えてみよう．

例えば，図6.1（a）のような周期 T をもつ正弦波が x 軸方向に無限に続いているとする．このときの正弦波の周波数は（$1/T$）と表され，（b）のように，横軸を周波数，縦軸をその周波数成分の

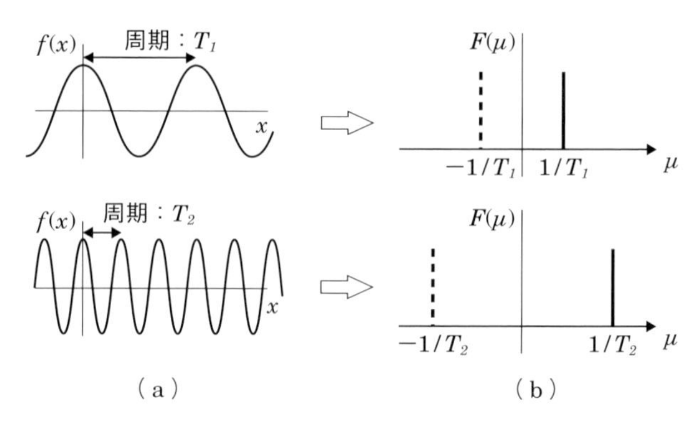

図 6.1　周期 T の波 $f(x)$ とパワースペクトル $F(\mu)$

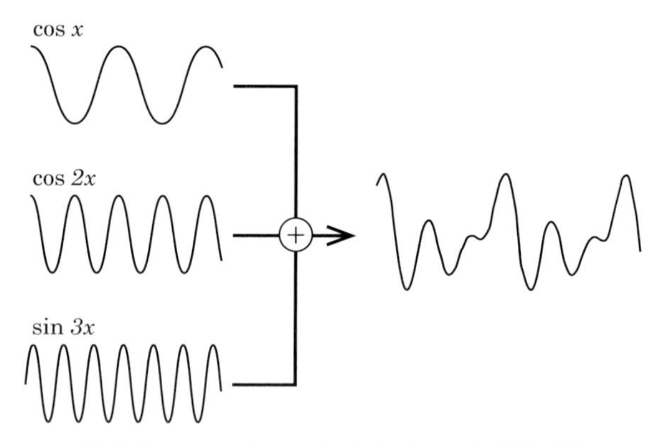

図 6.2　$\cos x + \cos 2x + \sin 3x$ の合成波の例

強さのグラフに表すことができる．原波形の有する周波数の所にピークが現れる．ここで，負の周波数は，正の周波数の場合と同じ形の波であり，波の進行方向が逆の波を表している．このようにある波形の周波数成分を求めることをフーリエ変換と呼び，図 6.1（b）の周波数成分のグラフをパワースペクトルと呼ぶ．

図 6.2 に示すように，周波数の異なる波を合成することで，さまざまな波形を表すことができる．逆に考えると，複雑な波形であっても，さまざまな周期をもつ正弦波の合成として表現する（分解する）ことができる．複雑な波形を構成している単純な波形の周波数成分がどれくらいの強さで含まれているかは，パワースペクトルで表される．

次に，フーリエ変換を式を使って解説する．周期 T の周期関数 $f(x)$ は

$$f(x)=f(x+T) \qquad (6\cdot 1)$$

と表される．この式(6・1)を任意の周期関数の組み合わせで表現することをフーリエ級数展開と呼び，次のように表すことができる．

$$f(x)=\frac{a_0}{2}+\sum_{n=1}^{\infty}(a_n\cos n\omega_0 x+b_n\sin n\omega_0 x) \qquad (6\cdot 2)$$

$$a_0=\frac{1}{T}\int_{-T/2}^{T/2}f(x)\,dx \qquad (6\cdot 3)$$

$$a_n=\frac{2}{T}\int_{-T/2}^{T/2}f(x)\cos n\omega_0 x dx \qquad (n=1,2,3\cdots) \qquad (6\cdot 4)$$

$$b_n=\frac{2}{T}\int_{-T/2}^{T/2}f(x)\sin n\omega_0 x dx \qquad (n=1,2,3\cdots) \qquad (6\cdot 5)$$

ここで

$$\omega_0=\frac{2\pi}{T}$$

である．この ω_0 を基本周波数と呼び，フーリエ級数により，関数 $f(x)$ を ω_0 の整数倍の周波数の正弦波*の重ね合わせとして表すことができる．

＊正弦 sin と余弦 cos の形の波を総称して正弦波と呼ぶ．

式(6・2)に示すように，ある周波数成分 $n\omega_0$（n は整数）を表現するために係数 a_n，b_n の二つの三角関数を用いている．この意味を理解するために，まず，次式のように式を変形する．

$$a_n\cos x_n+b_n\sin x_n=r_n\cos(x_n-\phi_n) \qquad (6\cdot 6)$$

ここで $x_n=n\omega_0 x$ とする．このとき，r を振幅，ϕ を位相と呼び，次のように表すことができる．

$$r_n=\sqrt{a_n{}^2+b_n{}^2}\quad ,\qquad \phi_n=\tan^{-1}\left(\frac{b_n}{a_n}\right) \qquad (6\cdot 7)$$

つまり，係数 a_n，b_n は，波の振幅成分 r_n と位相成分 ϕ_n を表していることがわかる．ここで，次のオイラーの公式

$$e^{i\theta}=\cos\theta+j\sin\theta \qquad (6\cdot 8)$$

を用いると，フーリエ変換の二つの三角関数は，複素数を使って数学的に統一して扱うことができる．そこで，式(6・2)を複素数で表すと次のようになる．

$$f(x) = \sum_{n=-\infty}^{\infty} C_n e^{jn\omega_0 x} \tag{6・9}$$

ただし，

$$C_n = \frac{1}{T}\int_{-T/2}^{T/2} f(x) e^{-jn\omega_0 x} dx \tag{6・10}$$

ここで，式(6・10)は周期 T を対象としているが，この周期を無限大（$T \to \infty$）とすると，$\omega_0 \to d\omega$，$n\omega_0 \to \omega$ として，次式で表される．

$$f(t) = \frac{1}{2\pi}\int_{-\infty}^{\infty} F(\omega) e^{i\omega t} \tag{6・11}$$

$$F(\omega) = \int_{-\infty}^{\infty} f(t) e^{-j\omega t} dt \tag{6・12}$$

この式に基づいて，解析しようとしている波にどのような周波数成分が含まれているかを分析することが可能である，式(6・12)を関数 $f(x)$ のフーリエ変換と呼ぶ．また，周波数成分から原波形を合成する式(6・11)を逆フーリエ変換と呼ぶ．

6.2　2次元フーリエ変換

次に２次元画像のフーリエ変換について解説する．図 6.3 は，x 軸に沿って画像の輝度が一定の周期（正弦波）で変動し，y 軸方向

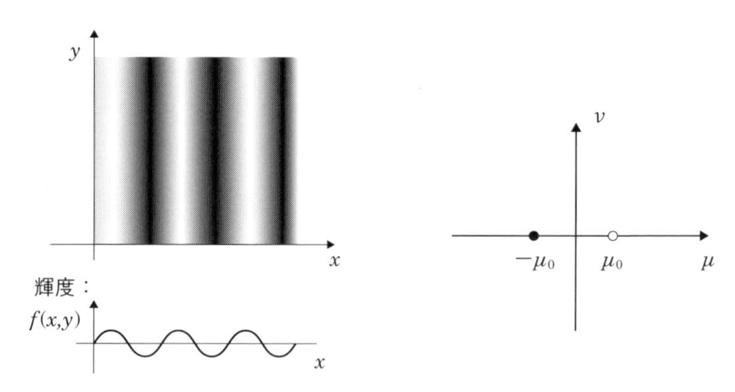

図 6.3　２次元の輝度の変動を波と捉えたフーリエ解析

は一定の輝度をもつ画像を表している．横軸，縦軸の x，y 軸方向に対応した空間周波数(μ, ν)は2次元のパワースペクトル（空間周波数成分）を用いて表現できる．(a) の場合，x 軸方向（画像の横軸方向）のみに周波数 $1/T\,(=\mu_0)$ の成分が含まれている．一方，縦軸に関しては輝度の変化がなく一様な値であるため，パワースペ

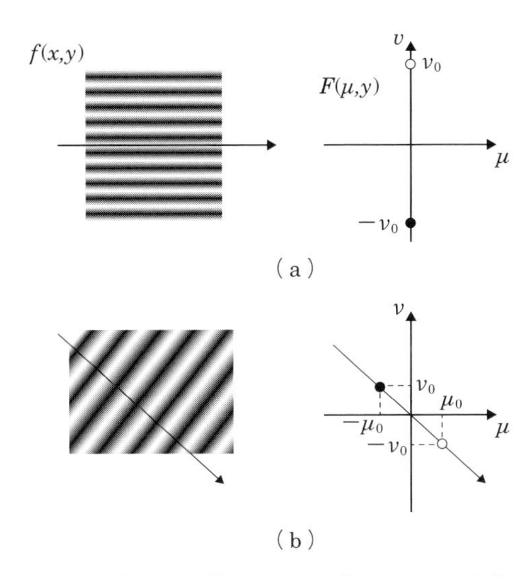

図 6.4　空間周波数の異なる画像のフーリエ変換

Column

低周波成分の画像と高周波成分の画像

空間周波数が低周波成分のみの画像は，左図のように濃淡変化の滑らかな画像となる．また，空間周波数が最も高い画像は，白と黒の画素が交互に並ぶ，右図のような市松模様の画像となる．

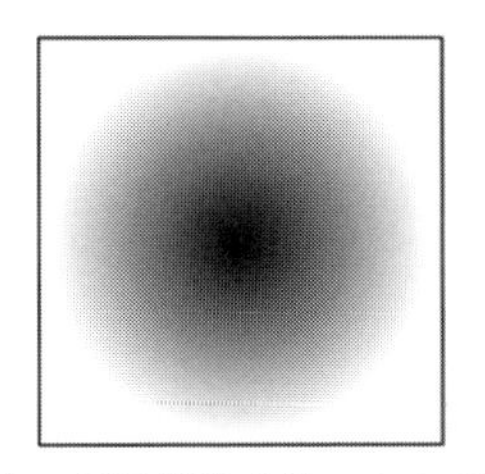

（a）　低周波数成分のみの画像

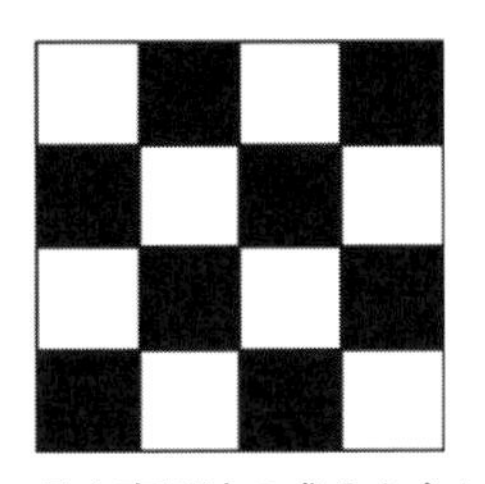

（b）　最も高周波の成分を含む画像

図 6.5　低周波数成分と高周波成分の含まれる画像の特徴

クトル上では，縦軸の $\nu=0$ の値にピークが現れる．縦横軸を合成すると（b）のような μ 軸方向に横縞の周波数成分のところ（μ_0 および $-\mu_0$）の所にピークが現れる．

縞のパターンが細かくなると，空間周波数が高くなるため，μ_0 の値が原点から遠ざかる．反対に，縞の間隔が広くなると，空間周波数が低く μ_0 の位置が原点に近づくことになる．画像が横縞模様であれば，図6.4（a）に示すようにフーリエ解析により，縦軸 ν 上で，$f(x,y)$ の基本周波数に相当する ν_0 および $-\nu_0$ が検出される．

また，図6.4（b）のように縞のパターンが斜めの場合，μ,ν の周波数成分が含まれるため，斜めの縞に直行する方向にスペクトル成分が現れる．

6.3　離散フーリエ変換

DFT：Discrete Fourier Transform

デジタル画像の画素の値は離散値であるため，フーリエ変換をそのまま適用できない．そこで，離散フーリエ変換（DFT）を用いる．

離散フーリエ変換を理解するために，最初に1次元の関数 $f(\theta)$ を考える．関数 f は周期 2π の周期関数とするとき，$f(\theta)$ のフーリエ級数は，次のように表される．

$$f(\theta)=\sum_{k=-\infty}^{\infty} C_k e^{ik\theta} \tag{6・11}$$

$$C_k=\frac{1}{2\pi}\int_{-\pi}^{\pi} f(\theta)e^{-ik\theta}d\theta \tag{6・12}$$

ここで，周期 2π の区間を N 個のサンプル点で表すとき，k 番目のサンプル点は，次のように表現できる．

$$\theta_k=\frac{2\pi k}{N} \tag{6・13}$$

このサンプル点での $f(\theta)$ のサンプル値を $fk=f(\theta k)$ とする．先の式は連続関数 f を無限個の係数 C_k で表していたが，N 個のサンプル値のみを対象とした場合，N 個の係数のみで表される．つまり，次式のようになる．

$$f_l = \sum_{k=0}^{N-1} F_k e^{j\frac{2n\pi k}{N}l} \tag{6・14}$$

$$F_k = \frac{1}{N}\sum_{l=0}^{N-1} f_l e^{-j\frac{2n\pi k}{N}l} \tag{6・15}$$

係数 F_k をデータ f_l の離散フーリエ変換と呼ぶ．

画像を対象とする場合，2 次元のフーリエ変換であるから，$f(m, n)$を考える．2 次元の場合，まず横軸方向に離散フーリエ変換を行い，その係数に対して，縦軸方向に離散フーリエ変換を行う．式で表すと次のようになる．

$$F(k. l) = \sum_{m=0}^{M-1}\sum_{n=0}^{N-1} f(m, n) e_x{}^{-j\frac{2m\pi}{M}k} e_y{}^{-j\frac{2n\pi}{N}l} \tag{6・16}$$

ここで，画像 f の画素数は MxN 個であるとする．

また，逆変換（離散フーリエ逆変換）は次式で表すことができる．

$$f(m. n) = \frac{1}{MN}\sum_{m=0}^{M-1}\sum_{n=0}^{N-1} F(k, l) e_x{}^{j\frac{2m\pi}{M}k} e_y{}^{j\frac{2n\pi}{N}l} \tag{6・17}$$

離散フーリエ変換の計算により出力されるパワースペクトルの 4 象限の関係に関しては注意が必要である．つまり，有限周期のフーリエ変換を行っているためスペクトル成分が折り返したようになる．そのため，離散フーリエ変換の出力は図 6.6（b）のように，4 隅に低周波成分が分布し，高周波成分が中心に存在している．通常は，周波数領域でのさまざまな処理（フィルタリング処理など）を行う場合に，直観的に理解しやすいように，中央に低周波成分が集まるように並べ替えることが多い．このように画像中央を直流成分

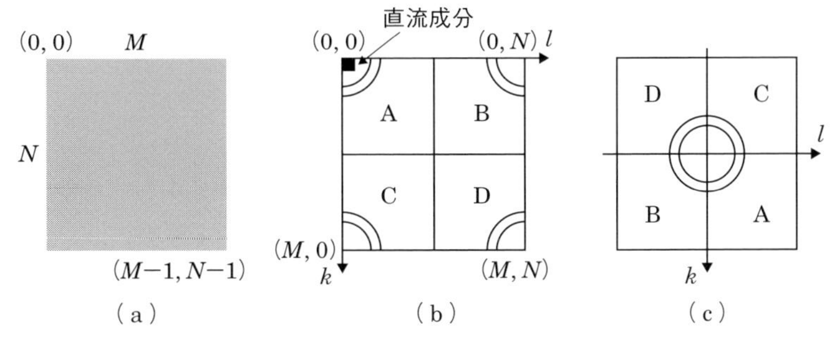

図 6.6　パワースペクトル画像の変換

に対応させる表現は，レンズを使って光学的にフーリエ変換を行った場合に対応することから，光学フーリエ変換と呼ばれる．

6.4　画像のフーリエ変換

1．フーリエ変換

フーリエ変換のアルゴリズムは多数存在するが，ここでは，OpenCV に定義されている離散フーリエ変換の関数 *dft* を使ったサンプルプログラムをサンプルプログラム 6.1 に示す．

関数 *dft* の第 1 の引数は入力画像，第 2 の引数はフーリエ変換後の画像となる．

また，プログラムの中で log 関数を使ってパワースペクトルの値を対数スケールに変換している．これは，パワースペクトルのダイナミックレンジがかなり広く，そのまま 256 階調の白黒画像として表示すると，直流成分以外はほとんど黒い画像となってしまうためである．つまり，パワースペクトルの直流成分は入力画像の輝度値の総和を表すため，きわめて大きな値となる．一方，高周波成分の値は非常に小さな値である．そこで，パワースペクトルを画像として表示するためには，通常は，パワースペクトルの値を対数スケールに変換した後，パワースペクトルを画像として表示している．

図 6.7　さまざまな画像に対するフーリエ変換の結果

●サンプルプログラム 6.1

```
/*** 離散フーリエ変換のプログラム ***/
#include <iostream>
#include <opencv2/opencv.hpp>

#define FILENAME "Users/foobar/Pictures/lenna.jpg"

int main(int argc, char * argv[])
{
        //変数定義
        cv::Mat src_img, comp_img, tmp;

        //画像入力
        src_img = cv::imread(FILENAME, cv::IMREAD_GRAYSCALE);
        if( src_img.empty()){ //画像ファイル読み込み失敗
                printf("Cannot read image file: %s¥n", FILENAME);
                return (-1);
        }

        //sec_imgと同じサイズで，要素の値が全てゼロの配列を用意する
        cv::Mat planes[] = {cv::Mat_<float>(src_img), cv::Mat::zeros(src_img.size(), CV_32F)};

        //２つの配列planesを結合し，複素数の配列comp_imgとする
        merge(planes, 2, comp_img);
        //フーリエ変換を実施
        dft(comp_img, comp_img);

        //複素数配列を分解  planes[0] = 実数部(comp_img), planes[1] = 虚数部(comp_img)
        split(comp_img, planes);

        //振幅を算出し，パワースペクトルの変数 (pow_spc)に代入する
        magnitude(planes[0], planes[1], planes[0]);
        cv::Mat pow_spc = planes[0];

        // パワースペクトルの値を対数スケールに変換
        // => log(1 + sqrt(Re(DFT(I))^2 + Im(DFT(I))^2))
        pow_spc += cv::Scalar::all(1);

        //pow_spcの画像をlogスケールに変換する
        log(pow_spc, pow_spc);

        //  光学フーリエ変換のパワースペクトルに変換
        int cx = pow_spc.cols/2;
        int cy = pow_spc.rows/2;

        cv::Mat q0(pow_spc, cv::Rect(0, 0, cx, cy));   // 第2象限
        cv::Mat q1(pow_spc, cv::Rect(cx, 0, cx, cy));  // 第1象限
        cv::Mat q2(pow_spc, cv::Rect(0, cy, cx, cy));  // 第3象限
        cv::Mat q3(pow_spc, cv::Rect(cx, cy, cx, cy)); // 第4象限

        // 各象限の値を入れ替える
        q0.copyTo(tmp);
        q3.copyTo(q0);
        tmp.copyTo(q3);

        q1.copyTo(tmp);
        q2.copyTo(q1);
        tmp.copyTo(q2);

        //画像として表示できる値にパワースペクトラムの値を正規化する
        cv::normalize(pow_spc, pow_spc, 0, 1, cv::NORM_MINMAX);

        cv::imshow("Input Image" , src_img   );
        cv::imshow("spectrum magnitude", pow_spc);
        cv::imwrite( "result.bmp", pow_spc );

        cv::waitKey(0);

        return(0);
}
```

フーリエ変換して得られたパワースペクトル

フーリエ変換による得られたパワースペクトルをみることで画像のおおよその状態を知ることができる.

画像1と画像2は撮影対象物の平行移動による画像の変化に関しては，ほぼ同じようなパワースペクトルが得られている．しかし，画像3のように，画像を45度傾けた画像に対してフーリエ変換を行うと，パワースペクトルも45度回転したような画像になる．つまり，フーリエ変換は縦横方向の移動に対する影響は少ないが，回転に関しては，回転の度合いにより，パワースペクトル自体が大きく左右される.

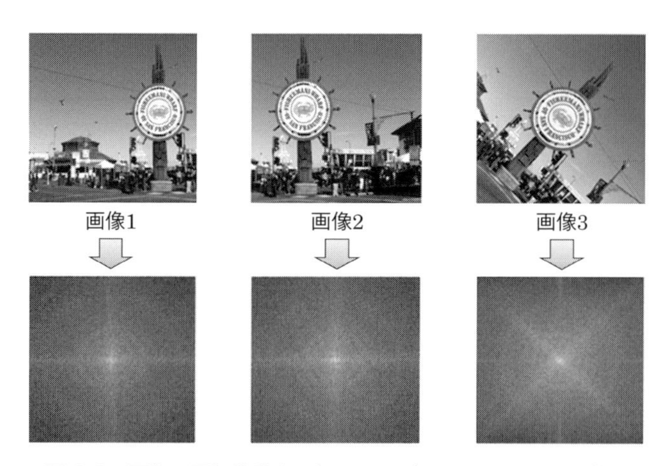

図6.8　画像の平行移動と回転によるパワースペクトルの違い

図6.7はさまざまな画像に対してフーリエ変換して得られたパワースペクトルである．高周波成分を多く含む画像は，輝度変化の激しい画像であり，低周波成分を多く含む画像は，輝度変化の緩やかな画像と判断することができる.

2. 離散コサイン変換

フーリエ変換はsin関数とcos関数の合成の計算を行っているため，複素数を使って統一的な表現を行っていた．しかし，原データを原点に対して対称なデータになるようにデータをうまく置き換えることで，原点に対称なcos関数のみの合成で原データを表すことができる．つまり，N個の実データf_lを次のように反転して左に

Column　フーリエ変換に適した画像のサイズ

フーリエ変換は計算量が多く，計算を効率的に行う高速フーリエ変換アルゴリズムが考えられている．ただし，高速フーリエ変換を効率よく行うためには，データ量が 2 の累乗であることが望ましい．そのため，フーリエ変換を行う上で，画像のサイズを 2 の累乗に変換する必要がある．

OpenCV では，画像を最適なサイズに変換するために，getOptimalDFTSize 関数が用意されている．この関数は，入力データに 0 を埋め込んで，元の配列よりも高速に変換できる少しだけ大きい配列を得ることができる．

加えた $2N$ 個のデータ列として扱うことで，左右対称なデータ列として扱うことができる．

$$f_{N-1}, f_{N-2}, \cdots f_1, f_0, f_0, f_1, f_2, \cdots, f_{N-2}, f_{N-1}$$

この場合，sin 関数は原点に対して符号が反転するため合成波の中に現れず，cos 関数のみで表現できる．この変換を離散コサイン変換（DCT）と呼ぶ．

DCT：Discrete Cosine Transform

離散コサイン変換の計算方法は基本的にはフーリエ変換と同じであり，N 個の実データに対して，次のような変換を行う．

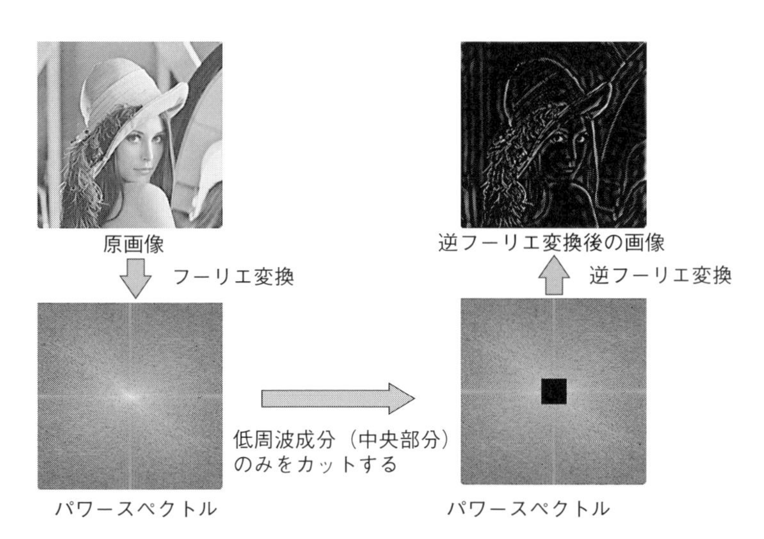

図 6.9　周波数領域でのフィルタ処理

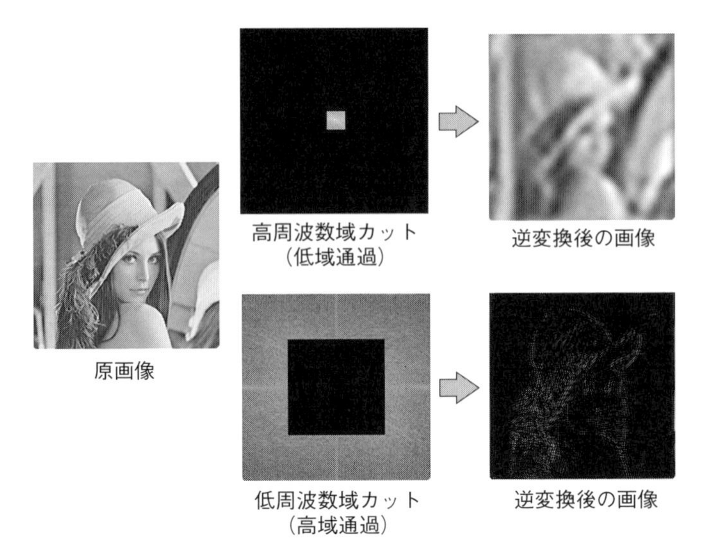

図 6.10　高域通過，低域通過フィルタの実行結果

$$F_k = \frac{2}{N}\sum_{l=1}^{N-1} f_l \cos\frac{\pi k(2l+1)}{2N}, \quad k=0, 1, \cdots.., N-1 \tag{6・14}$$

$$f_l = \frac{F_0}{2} + \sum_{k=1}^{N-1} F_k \cos\frac{\pi k(2l+1)}{2N}, \quad l=0, 1, ..., N-1 \tag{6・15}$$

畳み込み定理

二つの関数 $f(t)$ と $h(t)$ が与えられたとき，畳み込み積分は

$$g(t)=f(t)*h(t)=\int_{-\infty}^{\infty} f(\tau)h(t-\tau)d\tau$$

と定義される（3.1 節参照）．ここで，$f(t)$，$g(t)$，$h(t)$ のフーリエ変換後の関数をそれぞれ，$F(\omega)$，$G(\omega)$，$H(\omega)$ とするとき，$h(t)$ のフーリエ変換は

$$G(\omega)=F(\omega)H(\omega)$$

により計算できる．つまり，周波数空間では，畳み込み積分は，それぞれの関数のフーリエ変換後の関数の積で表される．

これは，畳み込み演算を行っていたフィルタリング処理を周波数空間では関数の積で簡単に求められるということを意味している．

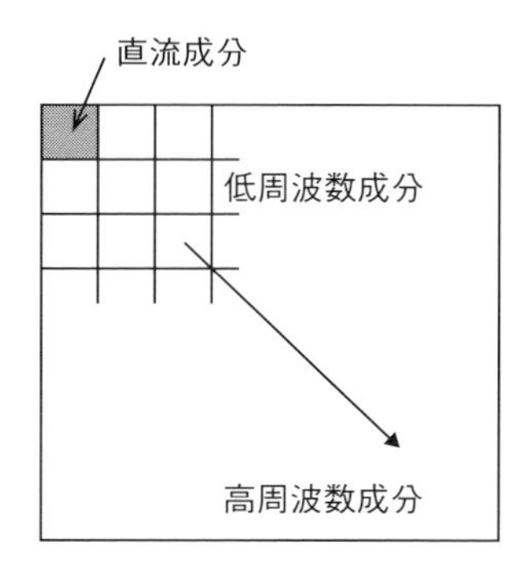

図 6.11　パワースペクトルの成分分布

図 6.12　離散コサイン変換

図 6.12 に示すように，離散コサイン変換の場合，低周波数成分が左上の隅に集められることがわかる．

6.5　フーリエ解析の応用例

画像の周波数成分は，画像の特徴に対応させて考えるならば，高周波成分は，画像の細かな輝度変化，すなわち細かな模様を表し，低周波数成分は画像のおおまかな特徴を表している．本節では，フーリエ変換の具体的は応用例を述べる．

1．空間周波数領域でのフィルタ処理

画像に対するフィルタ処理は一般に，第 3 章で述べたような畳み

込み演算により行われる．一方，畳み込み定理により２次元フーリエ変換を介して，空間周波数領域でフィルタ処理を行うことも可能である．例えば，画像のノイズは，ノイズとなる画素が周辺の画素に比べて輝度値が大きく違うためにノイズとして認識される．輝度値の急激な変化は，前述したように高周波数成分が多く，この高周波数成分を除去することで平滑化処理と同等の処理を行うことができる．つまり，平滑化処理とはパワースペクトル画像の空間周波数の低周波数成分を残して，高周波数成分を削除（高域周波数カット）することに置き換えることができる．

また，エッジ強調などの処理も同様である．エッジの部分も輝度値が急激に変化している部分である．つまり，エッジ部分には高周波成分が多く含まれている．そこで，パワースペクトル画像の低周波成分のみを削除し，高周波成分のみで強調フーリエ逆変換を行うと，エッジ部分のみが再構成される．つまりエッジ検出と同様の処理が行われる．

2. 画像圧縮

画像圧縮では，高周波数成分を効率良く削減する手段が利用されている．本項では，画像圧縮について述べる．

例えば，8×8 画素の２次元離散コサイン変換と逆離散コサイン変換は次式で表すことができる．

$$F(x, y) = \frac{1}{4} C(u) C(v) \sum_{x=0}^{7} \sum_{y=0}^{7} f(x, y) \cos\frac{\pi u(2x+1)}{16} \cos\frac{\pi v(2y+1)}{16} \qquad (6 \cdot 16)$$

ここで，係数 C は次のとおりである．

$$\begin{aligned} &u=0 \quad \text{のとき} \quad C(u)=1/\sqrt{2} \\ &u\neq 0 \quad \text{のとき} \quad C(u)=1 \\ &v=0 \quad \text{のとき} \quad C(v)=1/\sqrt{2} \\ &v\neq 0 \quad \text{のとき} \quad C(v)=1 \end{aligned} \qquad (6 \cdot 17)$$

この式をみてわかるように，２次元離散コサイン変換は１次元離散コサイン変換を横方向と縦方向の両方に行うもので，２回コサイン関数を乗算することで変換が行われる．

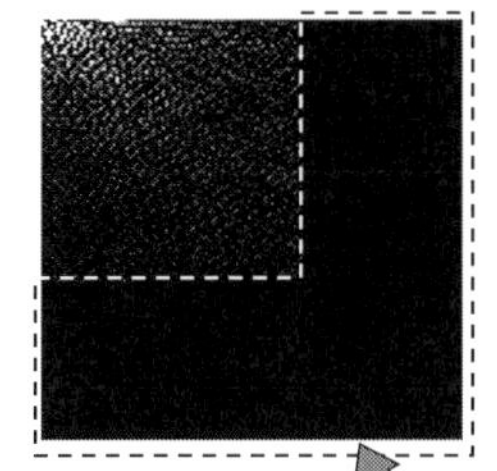

原画像

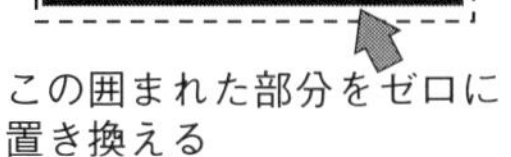
この囲まれた部分をゼロに置き換える

DCT 逆変換後の画像

図 6.13　高周波成分のみをゼロに置き換えた結果

画像を圧縮するためには，ヒトの眼で気がつかない程度に細かな輝度変化部分のデータを削除し，データ量を減らせばよい．つまり，離散コサイン変数により画像を空間周波数成分に分解し，高周波数成分を削除し，逆離散フーリエ変換を行うことで画像圧縮が行われる．

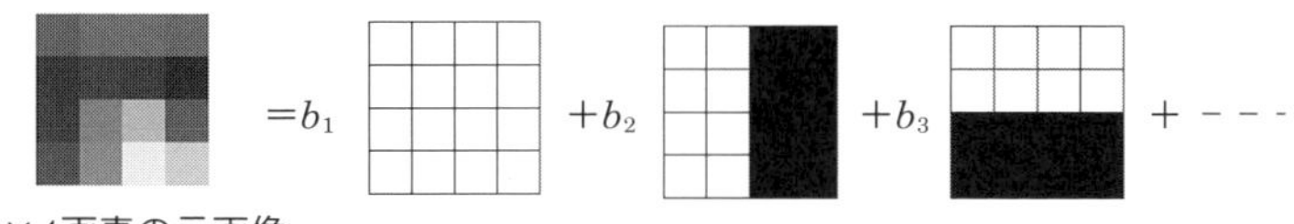

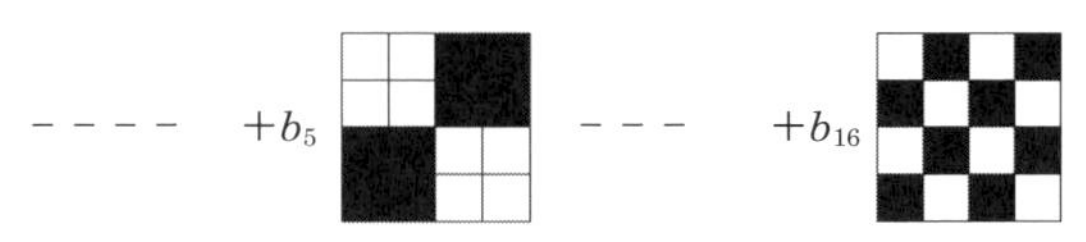

図 6.14　画像符号化における周波数分解のイメージ図

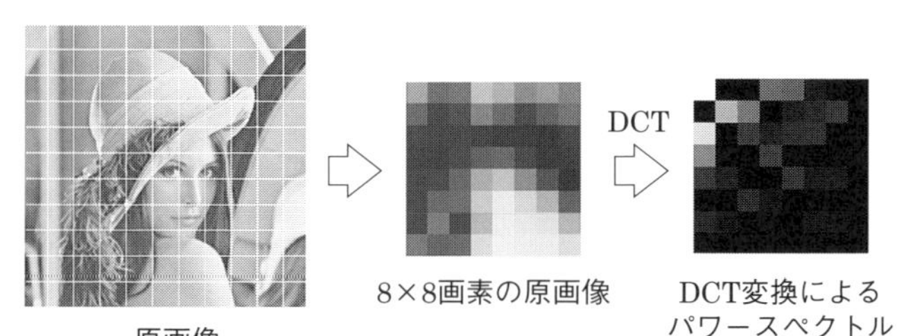

図 6.15　画像圧縮で扱われている DCT 変換

●サンプルプログラム 6.2

```
/*** 高周波数成分を削除する離散コサイン変換のプログラム ***/
#include <iostream>
#include "opencv2/opencv.hpp"

#define FILENAME "Users/foobar/Pictures/lenna.jpg"

int main(int argc, char * argv[])
{
    // 変数定義
    cv::Mat src_img,src_img2,dst_img;
    cv::Mat pow_spc;

    //画像入力
    src_img = cv::imread(FILENAME, cv::IMREAD_GRAYSCALE);
    if( src_img.empty()){ //画像ファイル読み込み失敗
        printf("Cannot read image file: %s¥n", FILENAME);
        return (-1);
    }

    //読み込んだ画像の画素値を実数型に変換する
    src_img.convertTo(src_img2, CV_32F);

    //離散コサイン変換
    cv::dct(src_img2, pow_spc);

    //フィルタ処理：
    //x, y共に, 0〜Startの画素までのパワースペクトルの値以外を全てゼロに置き換える
    int Start=80;

    for (int y=Start; y<pow_spc.rows; y++)
    {
        for (int x=0; x<pow_spc.cols; x++)
        {
                pow_spc.at<float>(y,x) = 0.0;
        }
    }
    for (int x=Start; x<pow_spc.cols; x++)
    {
        for (int y=0; y<pow_spc.rows; y++)
        {
                {
                        pow_spc.at<float>(y,x) = 0.0;
                }
        }
    }

    // 逆離散コサイン変換
    cv::idct(pow_spc, dst_img);

    // Save a visualization of the DCT coefficients
    cv::imwrite("pow_spc.bmp", pow_spc);
    cv::imwrite("DCT.bmp", dst_img);


    // 画面に表示するために画素値を正規化する
    cv::normalize(dst_img, dst_img, 0, 1, cv::NORM_MINMAX);
    cv::imshow("Original",src_img);
    cv::imshow("DCT.bmp",dst_img);

    //  cv::normalize(pow_spc, pow_spc, 0, 1, cv::NORM_MINMAX);
    cv::imshow("pow",pow_spc);


    cv::waitKey(0);

    return(0);
}
```

サンプルプログラム 6.2 は高周波成分をカットするプログラムである．図 6.13 に示すように，高周波成分をカットしても原画像の劣化が少ないことがわかる．

画像符号化で使われている画像圧縮では，画像全体を対象に離散コサイン変換を行うのではなく，画像を小さなブロックに分けて，ブロック毎に離散コサイン変換を行う．

通常は，画像を 8×8 画素，あるいは 16×16 画素の小さなブロックに分けて処理が行われる．各ブロックにおいて高周波成分をカットすることで，画像のデータ量を削減することができる（詳細は 9.4 節参照）．

演習問題

問 1　画像対象物の撮影位置が異なる場合と，回転した場合とで，パワースペクトルがどのように変化するか答えよ．

問 2　さまざまな画像に対してフーリエ変換を実施し，パワースペクトル画像の違いを確認せよ．

問 3　輝度変化の少ない画像と輝度変化の激しい画像に対して，離散フーリエ変換を行い，パワースペクトル画像の違いを確認せよ．

問 4　パワースペクトルの低周波領域および高周波領域の値をゼロに置き換えて，フーリエ逆変換を行ったときに，どのような画像が再構成されるか確認せよ．

第7章 特徴抽出

本章では，画像から特定の情報を取り出すために用いられる，特徴抽出に関して解説する．まず，画像特徴とその種類である特徴点・図形要素・領域に関して理解を進める．次に，画像特徴の種類ごとに抽出方法の原理に関して学ぶ．図形要素である直線および円については，ハフ変換の原理に関して理解する．特徴点については，輝度変化を用いたコーナー検出および局所特徴に関して学ぶ．領域抽出に関しては，基本的なしきい値処理および学習と分類を同時に行うクラスタリングに関して学ぶ．

7.1 画像特徴

1. 画像特徴とは

前章までは，画像全体を対象とした処理に関する解説を行ってきた．その目的は画像を見やすくすることや扱いやすくすること，画像全体の傾向を把握することなど，さまざまである．その中で重要な目的の一つに，画像から特定の情報を取り出すことがあげられる．その情報は，画像に映っている特定の被写体だけを対象とした画像処理を実現するために用いることができる．この情報を，一般的に画像特徴と呼ぶ．

画像特徴：
image feature

画像には人物や物体などの被写体が映っている．特定の被写体だけを対象とした画像処理には，どのような例があるだろうか．身近な例としては，図7.1のようなデジタルカメラの顔検出機能がある．この機能を実現するための画像特徴としては，輝度変化の情報を用いる場合が多い．また，工場では不良部品検出に画像処理を導入していることがある．この場合は部品の形状を画像特徴として用いる場合が多い．高度な例としては，インターネット検索サービスにおける内容に応じた画像検索機能がある．研究課題でもあるこのような機能は，色情報をはじめとした複数の情報が画像特徴として用いられている．

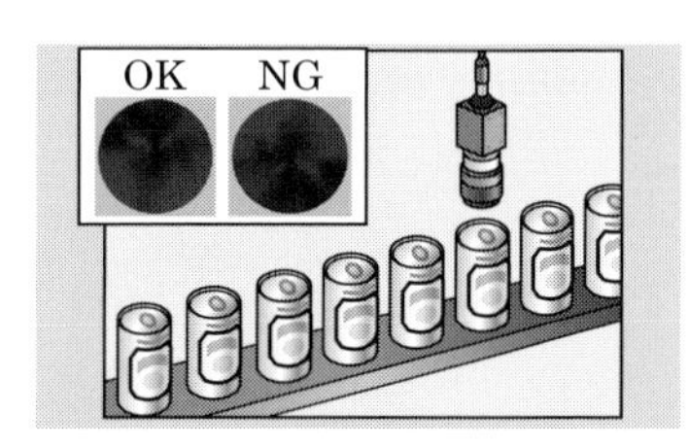

図7.1　画像特徴で実現する機能例

このように，身の回りの機能やサービスを実現する画像処理の中で，様々な画像特徴が用いられている．本章では，はじめに画像特徴の種類について述べた後，それぞれの画像特徴を取り出すための特徴抽出技術に関して解説する．

2. 画像特徴の種類

画像特徴の種類は，画像内でどのような幾何要素として取り出されるかによって分類することができる．幾何要素とは，具体的には「点」「線」「面」である．本書では図7.2のように，それぞれ

- 特徴点
- 図形要素（直線，線分，曲線）
- 領域

と表現する．図形要素という言葉には「面」も含まれるが，本書では「線」の抽出に関して解説し，「面」は領域として解説する．

次に，上記の幾何要素を取り出すために注目する画像内の情報と

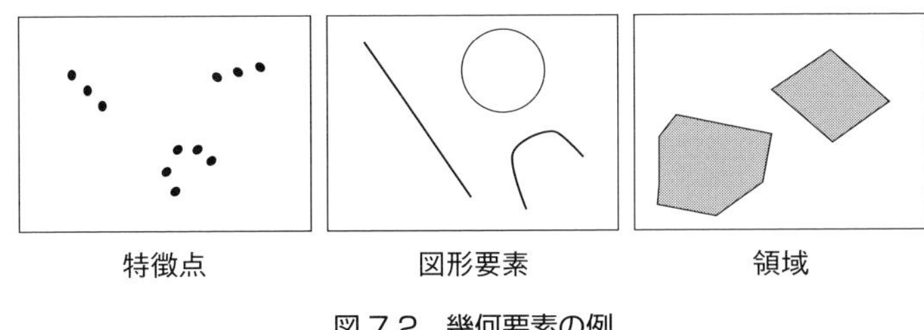

図 7.2 幾何要素の例

しては，例えば

- 色（画素ごと／複数画素）
- 輝度（同上）
- 色や輝度の変化（同上）
- 画像内での幾何要素の分布・配置関係

などをあげることができる．幾何要素の種類と注目する情報の組み合わせで，さまざまな特徴抽出手法が存在する．

上記にあげた画像内の情報，もしくはその情報を加工して算出される値は，取り出された幾何要素の特徴を表す情報だと考えることができる．そこで，この情報のことを画像特徴量と呼ぶ．最初に述べた画像特徴とは，取り出される幾何要素と画像特徴量のペアであると考えることができる．この画像特徴量は，前述した機能やサービスを実現するための重要な情報である．

これまでに解説した処理を例にあげると，第 4 章で解説したエッジ処理は画像の輝度変化に着目し，ある画素および近傍画素群の輝度分布からエッジであるかどうかを判定している．この場合幾何要素は特徴点であり，画像特徴量は輝度変化の値になる．他にも第 5 章で解説したラベリング処理は，二値化処理で得られた画素群が近傍にあるかどうかという配置関係に基づいてラベルを付与している．この場合幾何要素は領域であり，画像特徴量は画素の配置関係（つまり同じラベルをもった画素群の位置）と考えることができる．ただしラベリング処理の場合は，配置関係だけでなく付与されたラベルに意味がある．

次節以降では，図形要素抽出，特徴点抽出，領域抽出のそれぞれに関して解説を行う．

7.2　図形要素抽出

1．直線抽出

まず，画像の中から図形を見分ける原理について解説する．第4章で解説したエッジ処理を用いることで，図形の輪郭を表す画素の集合を取り出すことはできるが，その画素がどのような図形を描いているのかはわからない．そこで画素間の配置関係などを用いることで，図形要素を抽出する．画像に映される被写体の多くは人工物であり，その輪郭は直線や円などの図形で表現できることが多いことから，図形要素抽出により被写体の特徴を表すことは有用である．

ハフ変換：
Hough Transform

直線は最もシンプルな図形要素であり，本書では直線抽出手法の一つとしてハフ変換を説明する．ハフ変換は，エッジの誤検出などによるノイズや輪郭の途切れに強い，投票と多数決原理に基づく図形要素抽出手法である．

はじめにハフ変換の原理を説明する．画像を xy 座標空間で表現する．画像内の線分は直線の一部とみなし，直線Lを xy 座標空間内に描画すると図7.3左のようになる．直線Lの傾きを $\hat{a}$，切片を $\hat{b}$ として関数表現すると，$y=\hat{a}x+\hat{b}$ と表される．ここで，直線を表すパラメータである傾きと切片の二次元座標を考え，これを直線パラメータ空間とする．すると図7.3右に示すように，直線パラメータ空間内で直線Lは一点 $(\hat{a}, \hat{b})$ で表現できる．

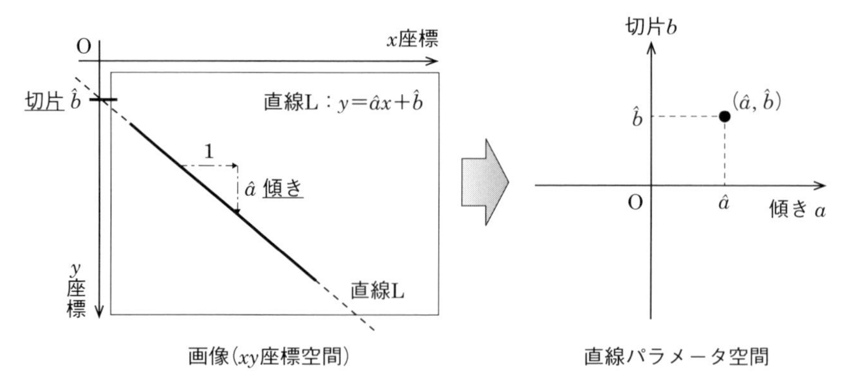

図7.3　画像と直線パラメータ空間内の直線表現

次に，実際のデジタル画像上での線分を考える．線分は点（画素）の集合であるため，そのままでは線分としての傾きや切片を求めることができない．そこで図 7.4 左のように，一点を通るすべての直線を考え，その直線の傾きと切片のペア(a, b)を算出する．これらのペアの中に正しい傾きと切片が含まれているはずなので，すべてのペアを直線パラメータ空間内に記録する．画像内の一点(x_i, y_i)に対するすべてのペアは，直線パラメータ空間内では図 7.4 右のように直線 $b = -x_i a + y_i$ と表現される．この直線は，正解であるペア$(\hat{a}, \hat{b})$を通過する．

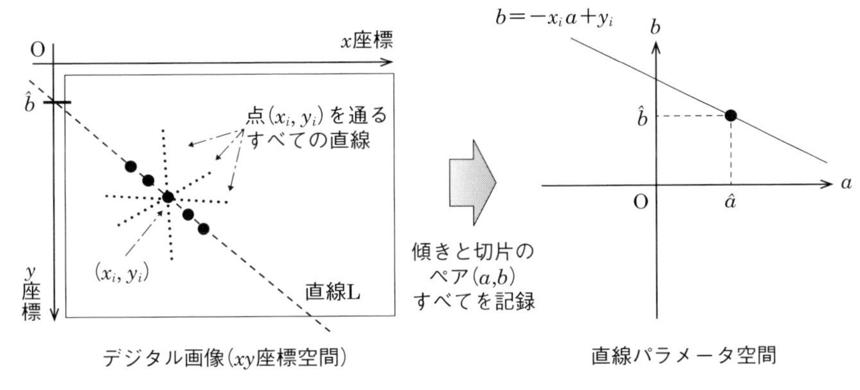

図 7.4 画像内の一点と直線パラメータ空間内の直線

そこで線分を構成しているすべての点に対し，それぞれ考えられるすべての傾きと切片のペアを直線パラメータ空間内に記録する．すると図 7.5 のように，直線パラメータ空間内では点の数だけ直線が記録され，それぞれの直線は正解であるペア$(\hat{a}, \hat{b})$で交差する．したがって，この交差を検出すれば，直線 L の傾きと切片を推定できることになる．

この原理に基づいてそのままプログラムを作成すると，問題が発生する．それは，傾きや切片が無限大（もしくは無限小）になる場合があることである．具体的には，直線が y 座標軸と平行である場合に発生する．また，そうでなくても非常に大きい（もしくは小さい）値をとる場合がある．そこで，通常は直線の方程式を極座標系で表現する．図 7.6 のように，原点から直線に垂線を下ろしたとき

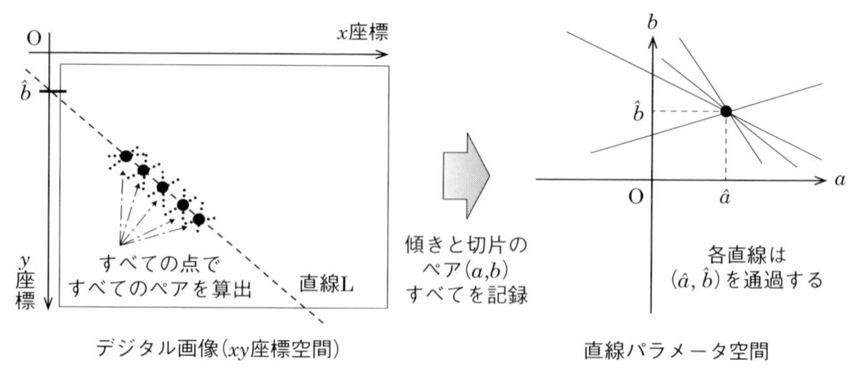

図7.5　ハフ変換の原理

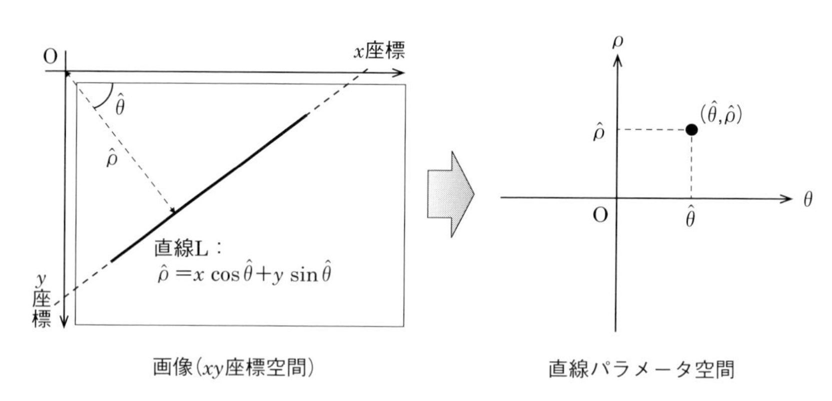

図7.6　極座標系による直線表現

の長さ（距離）を $\hat{\rho}$，垂線と x 座標軸がなす角を $\hat{\theta}$ として，直線の方程式は

$$\hat{\rho} = x\cos\hat{\theta} + y\sin\hat{\theta} \qquad (7\cdot 1)$$

と表すことができる．この場合，直線を表すパラメータは傾きと切片のペアでなく $(\hat{\theta}, \hat{\rho})$ となり，直線パラメータ空間もこの二次元座標となる．この直線パラメータは画像のサイズに応じた上限・下限をもち，前述した問題は解決される．

この極座標系を用いてハフ変換をプログラム化すると，以下の手順になる．

1.　直線パラメータ空間に相当する領域を準備
2.　画像内の画素一点を選択

3. その点に対し，すべての$(\hat{\theta}, \hat{\rho})$を算出して1.の直線パラメータ空間内に投票
4. 上記2.および3.をすべての点に対して実施後，直線パラメータ空間内で高い投票数をもつセルを探索

手順1.は，二次元配列などで領域を確保する．配列の各要素（セルまたはビンと呼ぶ）が，それぞれ$(\hat{\theta}, \hat{\rho})$の値を表す．手順3.は，ハフ変換の原理における直線パラメータ空間への記録に相当する．通常は手順1.で用意した領域の各$\hat{\theta}$（例えば0度から1度刻み）に対し，式(7・1)を用いて$\hat{\rho}$を算出し，得られた$(\hat{\theta}, \hat{\rho})$に対応するセルの値を加算する．これを投票と呼ぶ．手順4.は，ハフ変換の原理における交差検出に相当する．高い投票数をもつセルは，複数の直線が交差する箇所であると考えられる．そこで，そのようなセルを探索することで画像内の直線パラメータを推定する．これを多数決原理と呼ぶ．最も簡単な探索方法は，あるしきい値より高い投票数をもつセルを見つけることである．

以上の手順に基づいたプログラムの例をサンプルプログラム7.1に示す．また，直線抽出処理の例を図7.7に示す（右図の直線はパラメータ抽出結果に基づいて描画）．本プログラムでは，$\hat{\theta}$の刻み幅を1度，$\hat{\rho}$の刻み幅を1画素としている．$\hat{\rho}$がとり得る最大の大きさmaxLenを画像サイズから算出し，直線パラメータ空間houghPlaneを確保することで上記の手順1.を実現する．また本プログラムでは，$\hat{\theta}$の範囲を0度から360度まで，$\hat{\rho}$を0からmaxLenとしている．ここで画像座標系の原点を画像中心にとり，$\hat{\theta}$の範囲を0度から180度まで，$\hat{\rho}$を$-$maxLenからmaxLenとすることも可能である．

（a）　対象画像

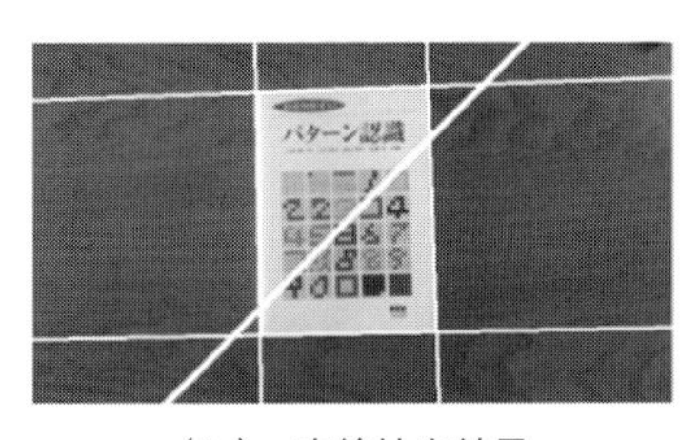

（b）　直線抽出結果

図7.7　直線抽出処理の例

●サンプルプログラム 7.1

```
/*** 直線抽出処理のプログラム ***/
#include <iostream>
#include <opencv2/opencv.hpp>

#define FILENAME "/Users/foobar/Pictures/room.png" // 対象画像
#define RHOSTEP (1.0) // 距離ρの刻み幅（画素）
#define THETASTEP (1.0) // 角度θの刻み幅（度）
#define TH (150) // 直線抽出のしきい値

int main(int argc, const char * argv[])
{
    // 変数定義
    cv::Mat gray_img, edge_img, houghPlane;
    double width, height, maxLen, rho, theta;
    int rhoMax, thetaMax;
    // 画像入力およびエッジ検出
    gray_img = cv::imread(FILENAME, cv::IMREAD_GRAYSCALE);
    if (gray_img.empty()) { // 画像ファイル読み込み失敗
        printf("Cannot read image file: %s¥n", FILENAME);
        return (-1);
    }
    cv::Canny(gray_img, edge_img, 50.0, 150.0);

    // 直線パラメータ空間確保
    width = edge_img.cols; height = edge_img.rows;
    maxLen = sqrt(width*width + height*height); // 線分がとりうる原点からの最大距離
    rhoMax = ceil(maxLen/RHOSTEP); thetaMax = ceil(360/THETASTEP);
        // パラメータ空間のセル数
    houghPlane = cv::Mat::zeros(thetaMax, rhoMax, CV_16UC1); // パラメータ空間確保
    // 投票処理
    for (int y=0; y < height; y++) {
      for (int x=0; x < width; x++) {
        unsigned char pix = edge_img.at<unsigned char>(y, x);
        if (pix > 0) {                          // 画素がある場合は投票を行う
          for (int thetaIdx = 0; thetaIdx < thetaMax; thetaIdx++) { //角度セルごとに
            theta = thetaIdx*THETASTEP*CV_PI/180; // 角度（ラジアン）
            rho = x*cos(theta) + y*sin(theta); // 原点からの距離を算出
            int rhoIdx = round(rho/RHOSTEP);
            houghPlane.at<uint16_t>(thetaIdx, rhoIdx)++; // 該当するセルに投票
          }
        }
      }
    }
    // 多数決処理
    for (int thetaIdx = 0; thetaIdx < thetaMax; thetaIdx++) {
      for (int rhoIdx = 0; rhoIdx < rhoMax; rhoIdx++) {
        uint16_t cell = houghPlane.at<uint16_t>(thetaIdx, rhoIdx);
        if (cell > TH) { // 投票数がしきい値を超えた場合
          rho = rhoIdx*RHOSTEP; // 距離ρ
          theta = thetaIdx*THETASTEP; // 角度θ（ここでは度）を抽出できる
          printf("(theta,rho)=(%.1f,%.1f)¥n", theta, rho);
        }
      }
```

```
    }
    return (0);
}
```

Column　OpenCV 関数による直線抽出処理

OpenCV には直線抽出処理関数として HoughLines が用意されている．サンプルプログラム 7.1 における直線抽出処理（四角で囲まれた部分）は，例えば以下のように記載することができる．

cv::HoughLines(edge_img, lines, 1, CV_PI/180, TH);

3 番目の引数で距離 ρ の刻み幅を，4 番目の引数で角度 θ の刻み幅を指定する（上記の場合それぞれ 1 画素，1 度（$\pi/180$　ラジアン））．5 番目の引数は直線抽出のしきい値を指定する．直線パラメータは 2 番目の引数で指定した変数 lines に (ρ, θ) ペアのベクトルとして格納される．

Column　線分抽出処理

図形要素として始点・終点をもつ線分が必要とされる場合もある．OpenCV には線分抽出処理関数として HoughLinesP が用意されており，確率的ハフ変換と呼ばれる手法が使われている．プログラム内では，例えば以下のように記載する．

cv::HoughLinesP(edge_img, lines, 1, CV_PI/180, TH, minLen, maxGap);

5 番目の引数までは HoughLines と同様である．ただし 2 番目の引数 lines には，始点および終点の (x, y) 座標が格納される．6 番目の引数 minLen は線分の最小長を，7 番目の引数 maxGap は同一線分とみなされる最大間隔を指定する．

2. 円抽出

ここでは，直線と異なる図形要素である円の場合に抽出すべきパラメータとその方法に関して解説する．円を描くためには，円の中心座標 (x, y) および円半径 r が必要である．ここで直線抽出と同じくハフ変換の考え方を適用して，この 3 パラメータを抽出することができる．

まず円パラメータ空間として，(x, y, r) の 3 次元空間を準備する．円の輪郭を構成する点（画素）$(\hat{x}, \hat{y})$ に対し，ある半径 $\hat{r}$ を仮定する．すると円の中心座標(x_c, y_c)は，図7.8右のように$(\hat{x}, \hat{y})$を中心として半径$\hat{r}$で描かれる円のどこかに存在するはずである．そこで，半径$\hat{r}$の円パラメータ空間上にその円を記録する．これをすべての画素に対して実施し，$\hat{r}$の値を変えて（円パラメータ空間でのrの値を変えて）同じことを行う．すると直線抽出の場合と同じように，正しい円の中心座標および半径の円パラメータ空間位置では記録された円が交差するはずである．この交差検出を行うことで，円を抽出することができる．

この原理により円の3パラメータを抽出することはできるが，円パラメータ空間に多くの円を記録する必要がある．これに対し，対象とする画素周辺の輪郭から法線方向を算出して中心座標の位置を推定することで，中心座標付近に円弧だけを記録する方法などを用

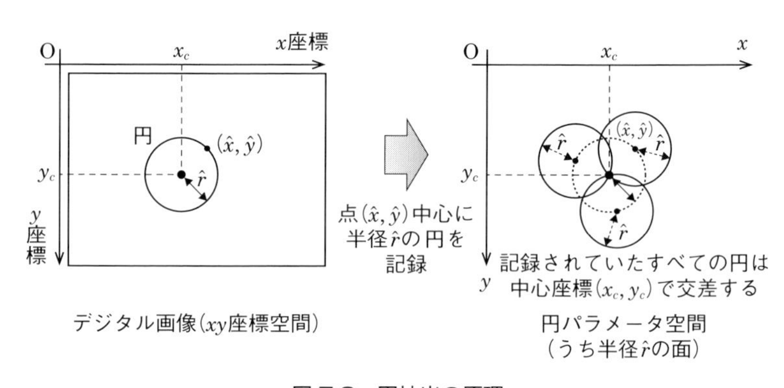

図7.8　円抽出の原理

Column　OpenCV関数による円抽出処理

OpenCVには円抽出処理関数としてHoughCirclesが用意されている．例えば以下のように記載することができる．

```
cv::HoughCircles(edge_img, circles, cv::HOUGH_GRADIENT, dp,
minDist);
```

3番目の引数は抽出手法を表す．4番目の引数dpはパラメータ空間の解像度を指定する（1で画像と同じ解像度，2で半分）．5番目の引数minDistは抽出される円の中心座標どうしがとるべき最小距離を指定する．円のパラメータは2番目の引数circlesに（x, y, r）のベクトルとして格納される．

いることができる．

円は3種類のパラメータで記述できるが，楕円などのように図形が複雑になるとパラメータ数が増え，実際のプログラムにおけるパラメータ空間確保が現実的でない．また，方程式で表しにくい図形も多々存在する．このような図形要素の抽出方法として，一つには一般化ハフ変換といった拡張手法が存在する．また，定められた図形形状を画像中で当てはめることで，最適位置を抽出する手法も存在する．

7.3　特徴点抽出

1．特徴点とは

7.1でも述べたように，画像特徴として取り出される幾何要素の一つに「点」があり，本書では特徴点と表現する．特徴点には7.2節で述べた図形要素のような形状が存在しない．ここでは，特徴点の用途をベースにした抽出方法の解説を行う．

まず，特徴点が抽出される画像中の位置そのものが重要である場合である．例えばエッジ抽出では，輝度変化の大きい画素が抽出される．その画素位置は被写体の輪郭位置である可能性が高く，7.2節で述べた図形要素抽出をはじめとしたさまざまな処理に用いることができる．

次に，見た目に特徴のある位置を取り出す場合である．例えばどのような位置や向きから被写体が撮影されても，特徴のある位置を必ず抽出することができれば，その被写体を追跡する処理などに役立てることができる．このような特徴点抽出の例として，本節でコーナー検出を説明する．

その他には，特徴点がもつ特徴量が重要な場合である．特徴点周りから算出される特徴量が他の点の特徴量と異なっていれば，その被写体を見分ける処理などに役立てることができる．このような特徴点抽出の例として，局所特徴に基づく特徴点抽出および特徴量記述がある．

2. コーナー検出

コーナー：corner

コーナーとは，図7.9のように被写体の輪郭方向が急激に変化する点である．コーナーは被写体の撮影位置や向きの変化に伴う画像の幾何的変形（回転や平行移動）があっても，コーナーであることは比較的安定している（これを再現性が高いという）．このことから，コーナー検出は被写体の追跡処理などに用いることができる．

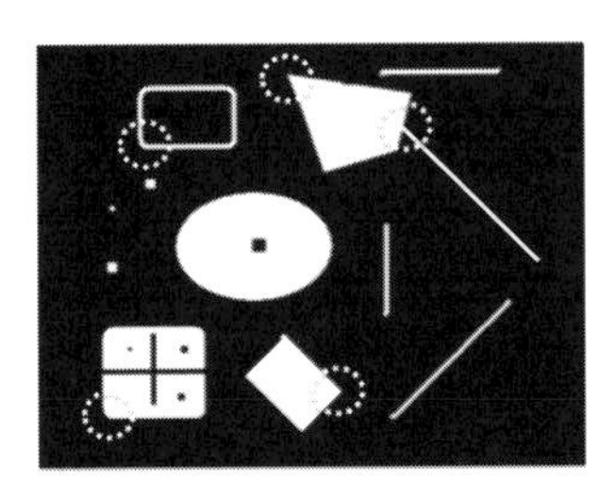

図7.9　コーナーの例（点線丸で示した部分）

ここでは，輝度変化の方向に着目したコーナー検出の原理に関して説明する．画像に対し，小領域（窓）を設定してその領域内の輝度変化を調べる．これは通常のエッジ処理でよく用いられる方法である．図7.10左のように輝度が平坦な領域に小領域がある場合，小領域内の輝度変化はほとんど観測されない．また図7.10中のようにエッジ部分に小領域がある場合には，小領域内の輝度変化は一方向となる（この場合水平方向）．ここで図7.10右のようにコーナー部分に小領域がある場合には，小領域内の輝度変化は二方向とな

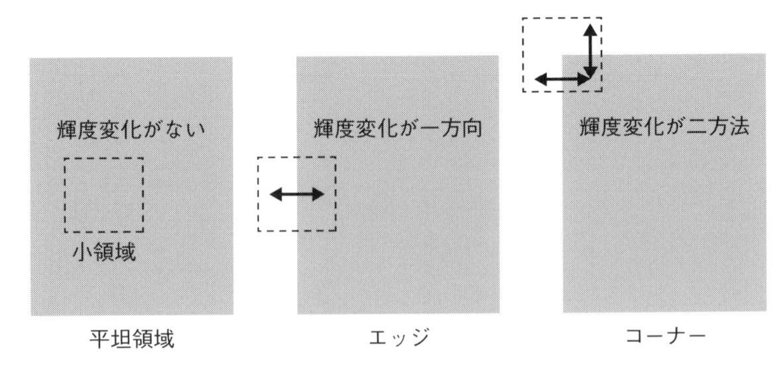

図7.10　コーナー検出の原理

る（この場合水平方向と垂直方向）．この輝度変化方向の数を調べることで，コーナー検出を行うことができる．

水平および垂直方向の輝度変化は，第4章で述べた微分オペレータにより容易に算出できる．しかし，エッジやコーナーの輪郭は水平・垂直方向であるとは限らない．そこで，これらの輝度変化を要素にもつ行列の固有値を求め，二つの固有値が大きいとき（つまり大きな輝度変化が二方向あるとき）にコーナーであると判定する手法がある．これはハリスのコーナー検出と呼ばれる代表的なコーナー検出手法である[1)]．おおまかな手順は次の通りである．

ハリスのコーナー検出：Harris corner detector

1.　画像 I に対して水平方向の輝度変化画像 I_x および垂直方向の輝度変化画像 I_y を算出（各方向に微分したガウシアンフィルタを畳み込むことが多い）
2.　小領域内における I_x^2，I_xI_y，I_y^2 の総和 S_x^2，S_{xy}，S_y^2 を求める
3.　各画素位置における 2. で求めた総和から行列 $M=\begin{bmatrix} S_x^2 & S_{xy} \\ S_{xy} & S_y^2 \end{bmatrix}$ を定義し，行列式 $det(M)$ およびトレース $tr(M)$ を算出
4.　コーナー関数 $R=det(M)-k\times tr(M)^2$ を算出
5.　しきい値以上で極大値をとる R の位置をコーナーとして判定

この手順では行列の固有値 λ_1，λ_2 を直接求めず，行列から算出す

Column　コーナー検出処理プログラム

ハリスのコーナー検出をプログラム化する際には，輝度変化画像の算出やガウシアンフィルタの畳み込みなどが必要である．いずれも OpenCV の関数 Sobel や GaussianBlur などを用いて実現可能である．

また追跡処理に適したコーナー検出処理関数として，OpenCV には goodFeaturesToTrack が用意されている．例えば以下のように記載することができる．

```
cv::goodFeaturesToTrack(gray_img, corners, maxCorners, qualityLevel,
minDist);
```

3 番目の引数 maxCorners は検出される最大コーナー数を，4 番目の引数 qualityLevel はどの程度までコーナーらしい部分を検出するか（1 以下の小数で小さいほど許容する）を指定する．5 番目の引数 minDist は抽出されるコーナーの座標どうしがとるべき最小距離を指定する．コーナーの座標位置は 2 番目の引数 corners に (x, y) のベクトルとして格納される．

ることがたやすい行列式 $det(M)=\lambda_1\lambda_2$ とトレース $tr(M)=\lambda_1+\lambda_2$ を求めることで，コーナー関数を算出している．変数 k は，コーナー関数の感度を表すパラメータである．また，輝度変化画像や配列要素を求める際には通常ガウシアンフィルタによる畳み込みを行う．この手法によるコーナー検出処理の例を図 7.11 に示す．

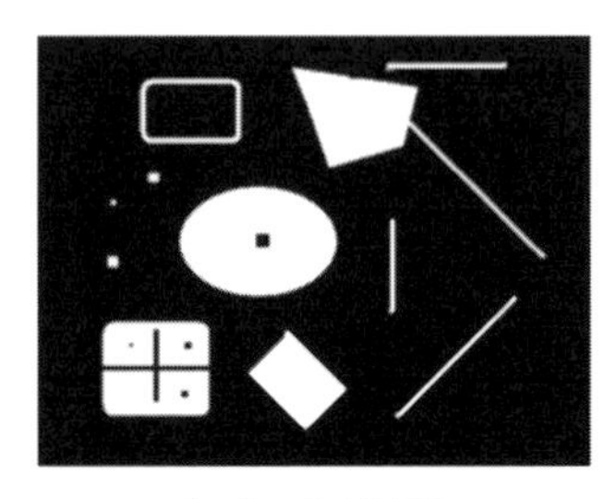

（a） 対象画像

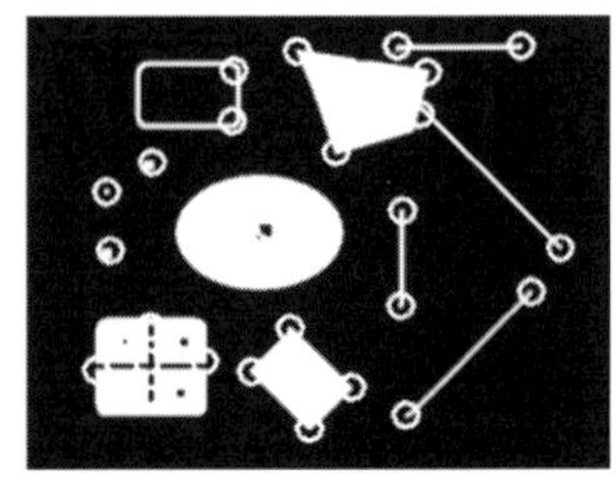

（b） コーナー検出結果

図 7.11　コーナー検出処理の例

3．その他の特徴点

例えば，図 7.12 のように異なる位置から撮影した同じ被写体の画像 2 枚を貼り合わせて 1 枚の画像に合成することを考える．2 枚の画像間で共通して映っている場所があれば，そこで位置合わせをして合成することができる．つまり，2 枚の画像間で対応する箇所を見つけなければならない．

（a） 左側から撮影した画像

（b） 右側から撮影した画像

図 7.12　貼り合わせ対象画像の例

対応する箇所が特徴点として得られるとすると，2 枚の画像間の特徴点どうしは，

- 異なる画像間で，対応する同じ箇所から特徴点が抽出されること（再現性が高い）
- 同じ箇所の特徴点は対応付けができ，異なる箇所の特徴点は対応付けができないこと（識別性が高い）

局所特徴：local features

ORB：Oriented FAST and Rotated BRIEF

が必要となる．この二つの性質を持つ特徴点および特徴量抽出手法として，局所特徴に基づく特徴点抽出および特徴量記述がある．局所特徴とは，画素の局所的な周りの輝度値や輝度変化およびその方向などの情報を用い，回転・平行移動・サイズ変化などに不変な性質をもつように算出した特徴のことである．上記のような幾何的変形に不変であるため再現性が高く，また特徴量算出にさまざまな工夫を施すことで識別性を高くしている．図 7.13 は，局所特徴の一種である ORB による特徴点抽出の例である．また，図 7.14 はその

（a） 左側画像の一部

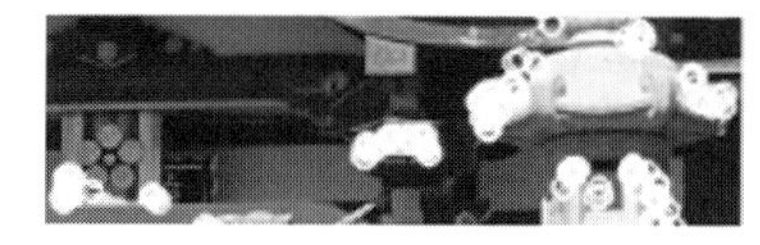
（b） 右側画像の一部

図 7.13 局所特徴による特徴点抽出の例（図中の丸印）

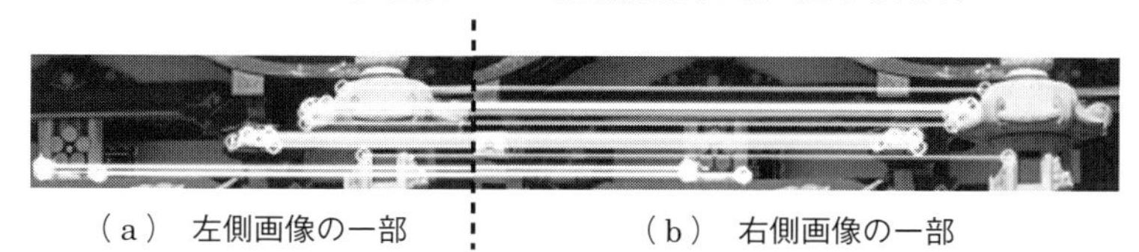
（a） 左側画像の一部 （b） 右側画像の一部

図 7.14 局所特徴点間対応付けの例（図中の線）

Column OpenCV における局所特徴

著名な局所特徴手法として SIFT，SURF があり，OpenCV では xfeatures2d ライブラリ内にある．OpenCV の通常インストールでは，本文であげた ORB の他にも FAST，BRISK，KAZE などがあり，features2d ライブラリを指定することで利用可能である（以上 OpenCV バージョン 3.1 の例）．例えば ORB による特徴点検出は以下のように記載することができる．

```
cv::Ptr<cv::FeatureDetector> detector = cv::ORB::create();
std::vector<cv::KeyPoint> keypoints;
detector->detect(gray_img, keypoints);
```

特徴点は keypoints に構造体のベクトルとして格納される．

特徴点間の対応付けを行った例であり，被写体の同じ箇所が対応付けされている（線で結ばれている）ことがわかる．

7.4 領域抽出

1．しきい値処理による領域抽出

幾何要素の一つである領域は，どのように他の領域と区別され抽出されるだろうか．領域の成り立ちを大きく分けると，

- エッジなどの境界で囲まれた画素の連結集合
- 同じような特徴を持つ画素の連結集合

と考えることができる．このうち前者に関しては，例えばエッジ処理後の輪郭追跡で閉曲線を求めることにより可能である（5.2節参照）．本節では後者に関して述べる．

簡単な領域抽出方法としては，例えば二値化処理およびラベリング処理がある（5.1節および5.2節参照）．二値化処理により画像から画素群を抽出し，ラベリング処理により近傍にある画素群を一つの連結集合としてラベルを付与することで，一つの領域とする．ラベルにより領域を区別することができる．

二値化処理は，輝度情報に対してしきい値を用いることで領域を抽出している．この考え方を拡張し，色情報に対してしきい値処理を用いる領域抽出方法を説明する．例えば，図7.15左の対象画像からリンゴの領域（正面下および右上）を抽出したいとする．リンゴの色情報は他の果物に比べて赤みが強いことから，色情報であるRGBの中でR値が高く他の値が低い画素をしきい値処理により選択する．サンプルプログラム7.2では

$$\begin{aligned} R &\geq 100 \\ 30 \leq G &\leq 100 \\ 50 \leq B &\leq 100 \end{aligned} \tag{7・2}$$

というしきい値で判定を行っている（プログラム内はBGRの順）．図7.15右がこのプログラムによる領域抽出結果である．結果は二値画像として得られるので，前述した方法と同様にラベリング処理を行うことで，領域を区別することができる．

（a）　対象画像

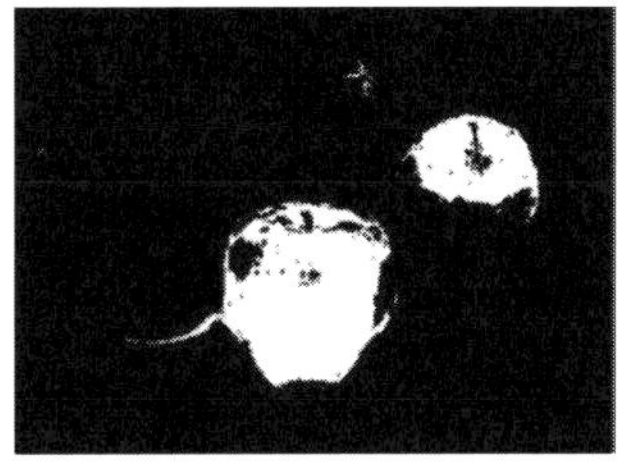

（b）　領域抽出結果

図 7.15　しきい値処理による領域抽出処理の例

●サンプルプログラム 7.2

```
/*** しきい値処理による領域抽出のプログラム ***/
#include <iostream>
#include <opencv2/opencv.hpp>

#define FILENAME "/Users/foobar/Pictures/fruit_image.jpg" // 画像ファイル名

int main(int argc, const char * argv[])
{
    // 変数定義
    cv::Mat src_img, dst_img;
    cv::Vec3b val;
    // 画像入力
    src_img = cv::imread(FILENAME, cv::IMREAD_COLOR);
    if (src_img.empty()) {  // 画像ファイル読み込み失敗
        printf("Cannot read image file: %s\n", FILENAME);
        return (-1);
    }
    dst_img = cv::Mat::zeros(src_img.size(), CV_8UC1);  // 出力画像（初期値ゼロ）

    // RGB空間で赤色を検出
    for(int y = 0; y < src_img.rows; y++) {
        for(int x = 0; x < src_img.cols; x++) {
            val = src_img.at<cv::Vec3b>(y,x);
            if (val[0] >= 50 && val[0] <= 100 && val[1] >= 30 &&
                                             val[1] <= 100 && val[2] >= 100) {
                dst_img.at<unsigned char>(y,x) = 255;
            }
        }
    }

    //画像表示
    cv::imshow("input image", src_img);
    cv::imshow("extracted region", dst_img);
    //キー入力待ち
    cv::waitKey(0);
    return (0);
}
```

OpenCV 関数によるしきい値処理

サンプルプログラム 7.2 におけるしきい値処理（四角で囲まれた部分）は，OpenCV の関数 inRange を用いて以下のように記載することができる．

```
cv::inRange(src_img, cv::Scalar(50,30,100), cv::Scalar(100,100,255),
dst_img);
```

2 番目および 3 番目の引数でしきい値の下限および上限を設定する．これらの引数に画像を用いることで，画素ごとに異なるしきい値を設定することも可能である．

2. クラスタリングによる領域分割

しきい値処理は最も簡単な領域抽出方法であるが，そのしきい値をどのように定めるかが問題となる．輝度情報の場合はヒストグラムを分析することで適切なしきい値を設定することも可能である（5.1 節参照）．しかし色情報の場合は，一般に三次元の情報となるため容易ではない．ここでは，しきい値を用いないクラスタリングによる領域分割方法に関して述べる．

クラスタ：cluster

画像中の画素すべてを，重なりのない複数のグループいずれかに分類する．一つのグループには，何らかの基準やルールにより同じ種類であるとみなされた画素が所属する．このグループのことをクラスタと呼ぶ．例えば，図 7.16 左の画像を色が似ているという基準により，図 7.16 右のようなイメージで分類したとする．この場合，クラスタは白・緑・赤・黄・橙および黒の六つである．次に，一つのクラスタに所属する画素群がお互い近傍にあれば，それらの連結集合を一つの領域にする．これにより，画像全体の領域分割を

（a） 対象画像

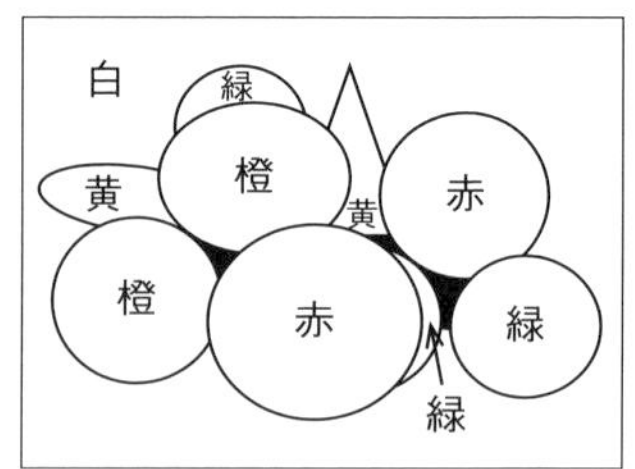

（b） 色によるクラスタリング

図 7.16　画像に対するクラスタリングのイメージ

行うことができる．図7.16右は，背景（白）や果物間の隙間（黒）も含めて13個の領域に分割される．

ここで，上記の分類基準が明らかになっていない場合（例えばしきい値が決められない場合）には，その基準を対象画像に対して学習しながら分類を行う必要がある．学習を行いながらクラスタ分類を行う処理を，クラスタリングと呼ぶ．クラスタリングは統計学におけるデータ解析手法であるが，入力データとして画像特徴を用いることで画像処理に適用することができる．

クラスタリング：clustering

具体的なクラスタリング方法にはどのようなものがあるだろうか．ここでは，シンプルな方法であるk平均法を説明する．この方法は，分類するクラスタ数をあらかじめk個と定め，よりよい分類基準を探しながらデータを分類する．おおまかな手順は以下の通りである．

k平均法：k-means clustering

1. クラスタの中心をランダムにk個定める（初期値）
2. 各データに対し最も近いクラスタを求め，そのクラスタに所属させる
3. それぞれのクラスタに所属するデータ集合から平均値を求め，その値を新しいクラスタ中心とする
4. 2. および3. を繰り返し，クラスタ中心がほぼ移動しなくなったら収束したとして終了する

各データは複数個の要素から構成されていることが多い（例えばRGB色情報なら3個）．ここでは図7.17左のように，RとGの2個から構成されているデータを例とする．したがって入力データを

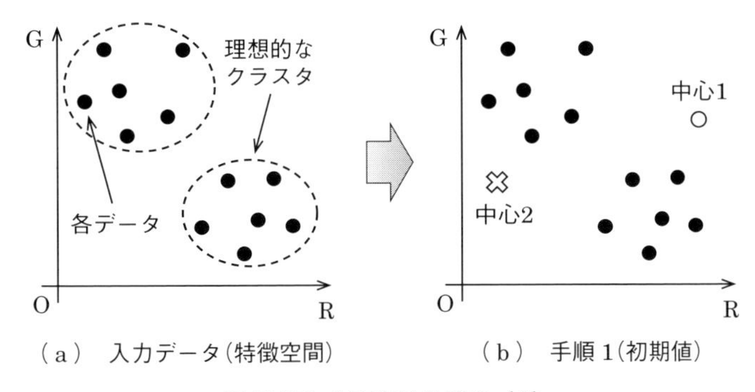

図7.17 k平均法の流れ（1）

あらわす特徴空間は二次元となる．手順１では，k 個のクラスタそれぞれの中心を表すデータをランダムに設定する（図 7.17 右，この場合 $k=2$）．理想的なクラスタは事前に分からないので，設定された中心位置が理想クラスタ内にあるとは限らない．

手順２では，各データに対し各クラスタ中心との距離を求め，最も近いクラスタ中心が表すクラスタに所属させる．図 7.18 左の例では，一点鎖線より右側にあるデータ（●印）がクラスタ１，左側（×印）がクラスタ２に所属するデータとなる．

次に手順３では，各クラスタに所属するデータの集合から新しいクラスタ中心を求める．図 7.18 右の例では，各クラスタ中心が移動していることがわかる．

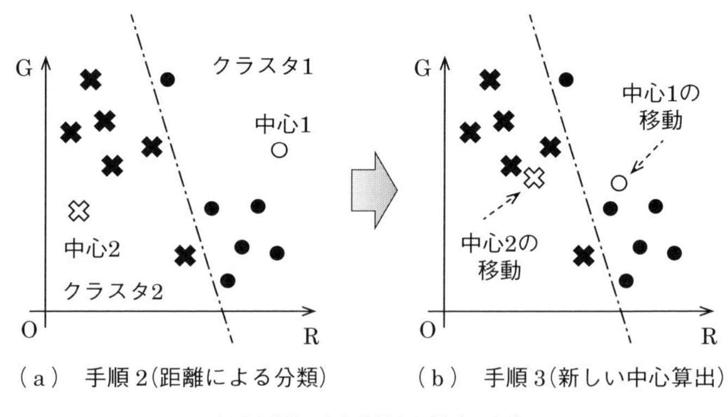

（ａ） 手順２(距離による分類)　（ｂ） 手順３(新しい中心算出)

図 7.18　k 平均法の流れ（2）

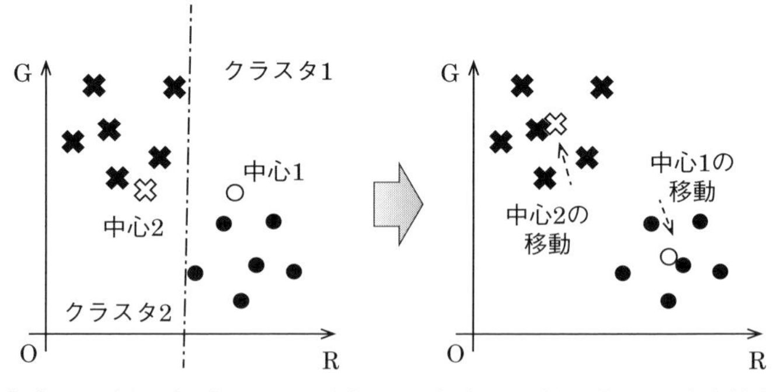

（ａ） 再手順２(距離による分類)　（ｂ） 再手順３(新しい中心算出)

図 7.19　k 平均法の流れ（3）

手順4で示すように，クラスタ中心の移動がほぼなくなるまでは手順2および3を繰り返す．図7.19のようにクラスタが変動していき，収束すれば最終クラスタ集合が得られる．

画像特徴として色情報（この場合RGB）を用いたk平均法によるクラスタリングプログラムの例をサンプルプログラム7.3〜7.5に示す．また，図7.20左がこのプログラムによる領域分割結果であ

●サンプルプログラム 7.3

```
/*** k平均法による領域抽出のプログラム ***/
#include <iostream>
#include <opencv2/opencv.hpp>

#define MAX_CLUSTERS (6) //クラスタの数 => K個
#define FILENAME "/Users/foobar/Pictures/fruit_image.jpg" //画像ファイル名

int main(int argc, const char * argv[])
{
    //変数定義
    cv::Mat src_img, dst_img, label_img;
    cv::Vec3b val;
    std::vector<cv::Vec3d> cluster_pt; //クラスタ(中心)
    std::vector<cv::Vec3d> cluster_pt_prev; //クラスタ(中心, 過去)
    //画像入力
    src_img = cv::imread(FILENAME, cv::IMREAD_COLOR);
    if (src_img.empty()) { //画像ファイル読み込み失敗
        printf("Cannot read image file: %s\n", FILENAME);
        return (-1);
    }

    //所属するクラスタの番号(初期値-1)
    cv::Mat cluster_num = cv::Mat::ones(src_img.size(), CV_16SC1)*(-1);
    initCluster(&cluster_pt, src_img);                          //1. 初期値設定
    do {
      copyCluster(cluster_pt, &cluster_pt_prev);
                                                  //クラスタ中心のコピー
      setClusterOfPt(cluster_pt, src_img, cluster_num);
                                                  //2. 距離によるクラスタ分類
      calcClusterCenter(&cluster_pt, src_img, cluster_num);
                                                  //3. クラスタ中心算出
    } while (!isFinish(cluster_pt, cluster_pt_prev));
                                                  //4. クラスタ中心移動がなければ終了

    //必要に応じて特定ラベルの画素領域だけ描画
    //キー入力待ち
    cv::waitKey(0);
    return (0);
}
```

●サンプルプログラム 7.4

```
#define DIST_THRESHOLD (1) //移動距離のしきい値
#define HIGH_VAL (255)        //白画素の値

//クラスタの初期化
void initCluster (std::vector<cv::Vec3d> *cluster_pt, cv::Mat img) {
    cluster_pt->clear();
    for (int i=0; i < MAX_CLUSTERS; i++) {
        int x = rand() % img.cols;
        int y = rand() % img.rows;
        cluster_pt->push_back(img.at<cv::Vec3b>(y,x));
    }
    return;
}
//距離算出
double calcDist (cv::Vec3d val1, cv::Vec3d val2) {
    return (sqrt((val1[0]-val2[0])*(val1[0]-val2[0]) + (val1[1]-val2
[1])*(val1[1]-val2[1]) +
                (val1[2]-val2[2])*(val1[2]-val2[2])));
}
//クラスタのコピー
void copyCluster (std::vector<cv::Vec3d> cluster_pt,
                  std::vector<cv::Vec3d> *cluster_pt_prev) {
    cluster_pt_prev->clear();
    for (int i=0; i<MAX_CLUSTERS; i++) {
        cluster_pt_prev->push_back(cluster_pt[i]);
    }
    return;
}
//クラスタと各点の距離を計算し，最も近いクラスタに移動させる
void setClusterOfPt (std::vector<cv::Vec3d> cluster_pt, cv::Mat img,
cv::Mat cluster_num) {
    double min_dist; //最小距離用の変数
    double dist; // 各点との距離
    cv::Vec3d val; // 各点の値
    for (int y=0; y < img.rows; y++) {
        for (int x = 0; x < img.cols; x++) {
            val = img.at<cv::Vec3b>(y,x);
            min_dist = DBL_MAX; //初期値としてdoubleの最大値を代入しておく
            for (int i=0; i<MAX_CLUSTERS; i++) {
                dist = calcDist(val, cluster_pt[i]); //距離の計算
                if (min_dist > dist) { //最小距離との比較
                    min_dist = dist; //最小距離の更新
                    cluster_num.at<int16_t>(y,x) = i; //クラスタの更新
                }
            }
        }
    }
    return;
}
```

●サンプルプログラム 7.5

```
//クラスタの平均位置の計算
void calcClusterCenter (std::vector<cv::Vec3d> *cluster_pt, cv::Mat img,
cv::Mat cluster_num) {
    int pt_num[MAX_CLUSTERS];                //クラスタの対応点数
    std::vector<cv::Vec3d> cluster_sum; // 加算用領域
    //初期化
    for (int i=0; i < MAX_CLUSTERS; i++) {
        cluster_sum.push_back(cv::Vec3d(0,0,0));
        pt_num[i] = 0;
    }
    //クラスタの合計の算出
    for (int y=0; y < img.rows; y++) {
        for (int x = 0; x < img.cols; x++) {
            int idx = cluster_num.at<int16_t>(y,x);
            cluster_sum[idx] += img.at<cv::Vec3b>(y,x);
            pt_num[idx]++;
        }
    }
    //平均位置の算出
    cluster_pt->clear();
    for (int i=0; i < MAX_CLUSTERS; i++) {
        if (pt_num[i] > 0) {
            cluster_pt->push_back(cluster_sum[i]/pt_num[i]);
        } else {
            cluster_pt->push_back(cv::Vec3d(0,0,0));
        }
    }
    return;
}
// 変化量判定
bool isFinish (std::vector<cv::Vec3d> cluster_pt, std::vector<cv::Vec3d>
cluster_pt_prev) {
    double dist = 0;
    for (int i=0; i < MAX_CLUSTERS; i++) {
        dist += calcDist(cluster_pt[i], cluster_pt_prev[i]); //点の距離の和
    }
    if (dist < DIST_THRESHOLD) { //この条件を満たすなら終了
        return (true);
    }
    return (false);
}
```

り，図 7.20 右が図 7.15 右と同様にリンゴに当たるクラスタから領域を取り出した結果である．この場合はクラスタ数 k=6 と設定して 33 回の繰り返しで収束している．クラスタ数を多くすることでより細かな領域分割が可能であるが，収束には時間がかかる．

k 平均法は，最初のクラスタ中心（初期値）にその分類性能が大

（a）　領域分割結果（$k=6$）

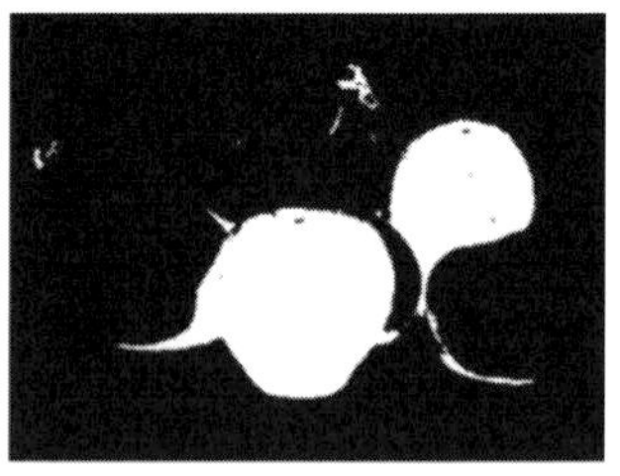
（b）　領域抽出結果

図 7.20　k 平均法による領域抽出処理の例

きく依存することが知られている．そのため，初期値の設定方法に工夫が必要である．例えば上記のプログラムでは，画像中の画素位置をランダムに算出し，その画素位置の色情報を初期値として用いている．また，k 平均法はあらかじめクラスタ数を定める必要がある．最適な k を求めるためには，他の分析方法を導入する必要がある．そこで，クラスタ数を定めずにクラスタリングを行うミーンシフト法という手法なども用いられている．

このようなクラスタリングによる領域分割方法の他に，あらかじめ多くの小領域に分けた後で類似性から小領域を統合していく分割統合法，領域内テクスチャの統計量に基づいて領域分割を行う方法などがある．

テクスチャ：texture

3. 領域特徴量

抽出された領域を表す特徴量には，どのようなものがあるだろう

Column　OpenCV 関数による k 平均法

k 平均法は OpenCV の関数 kmeans を用いて，例えば以下のように記載することができる．

```
cv::kmeans(input_data, K, label_data, criteria, 1,
    cv::KMEANS_RANDOM_CENTERS);
```

1 番目の引数で入力データを，3 番目の引数でクラスタ値を格納する変数を指定する．2 番目の引数はクラスタ数である．4 番目の引数は収束条件パラメータを，5 番目は k 平均法自身の試行回数を（上記の場合は 1 回），6 番目は初期値の設定方法（上記の場合はランダム設定）を指定する．

か．前述したクラスタリングによる領域抽出方法であれば，クラスタを代表するクラスタ中心値を一つの特徴量として用いることができる．

領域は画素の連結成分により形成されているので，その形状が大きな特徴である．そこで，領域の形状特徴を特徴量として用いることが多い．代表的な形状特徴としては

- 重心
- 面積
- 周囲長
- 外接長方形
- 円形度

などがある．外接長方形は，領域に接する最小の長方形のことである．また円形度は，図形がどれだけ円に近いかを表す．

外接長方形：bounding box

円形度：roundness

OpenCV 関数による領域特徴量

領域を表す画素集合や輪郭情報があれば，OpenCV の関数を用いて領域特徴量を求めることができる．具体的には

面積：contourArea

周囲長：arcLength

外接長方形：boundingRect

である．円形度は面積 S と周囲長 L から $4\pi S/L^2$ で計算できる．

演習問題

問 1　画像特徴が用いられる，本章であげた例以外の身の回りの機能やサービスを調べて説明せよ．

問 2　ハフ変換を効果的に用いるために，パラメータ刻み幅の設定などをはじめとした考慮すべき点を述べよ．

問 3　ハリスのコーナー検出方法を，エッジ処理やガウスフィルタ処理を用いてプログラム化せよ．

問 4　もう一つの領域抽出方法である輪郭追跡による領域抽出を，アルゴリズムとして詳細化せよ．

第8章 画像の幾何変換

本章では，画像の幾何変換として，拡大・縮小，回転，平行移動，剪断変形（スキュー）を扱う．これらは，基本的な画像の幾何変換方法であり，アフィン変換と呼ばれている．そして，これらの変換処理を組み合わせることで様々な形に画像を変形することができる．また，デジタル画像を変換した場合，変換前後で画素が１対１に対応することは少ない．そのため，画像変換に伴い，変換後の画素の輝度値の補間が必要である．本章後半では，代表的な補間処理方法を解説する．最後に，より一般的な変換である透視変換について解説する．

8.1 アフィン変換

画像を変換するとは，言い換えると，画像の各画素の座標(x, y)を，幾何学的に，座標(x', y')に移動させることである．図8.1に示すような拡大・縮小，回転，剪断変形の変換は，ある座標(x, y)の変換は，2×2の行列$\boldsymbol{M}$の乗算と２次元ベクトル$\boldsymbol{t}=(t_x, t_y)$の加算によって表すことができる．この変換をアフィン変換と呼ぶ．

アフィン変換：
Affine Transform

$$\boldsymbol{M}_{\boldsymbol{x}}+\boldsymbol{t}=\begin{pmatrix} a & b \\ c & d \end{pmatrix}\begin{pmatrix} x \\ y \end{pmatrix}+\begin{pmatrix} t_x \\ t_y \end{pmatrix} \qquad (8\cdot1)$$

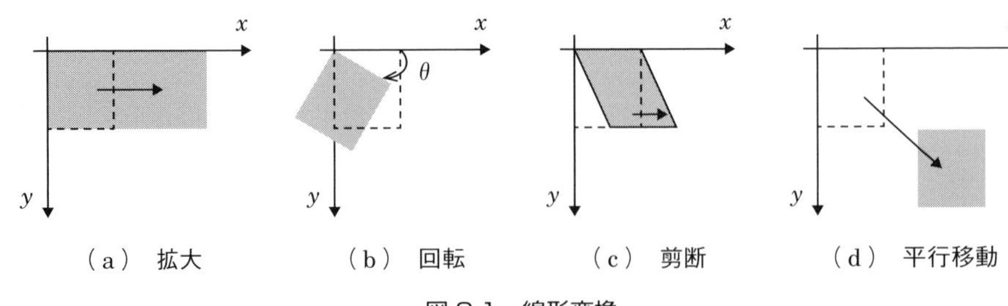

図 8.1　線形変換

アフィン変換は，直線は直線に変換し，曲線に変換することはない．また，平行な二つの直線は，変換後も平行が維持される変換である．つまり，矩形を平行四辺形に変換できる変換と考えてもよい．

以降で，図 8.1 に示したそれぞれの変換に関して，式(8・1)に基づいて，具体的に解説する．

1．拡大・縮小変換

図形を x，y 各軸方向に定数倍する操作を拡大・縮小という．たとえば，ある画像を x 軸方向に s_x 倍，y 軸方向に s_y 倍するならば，画像中の任意の点 $A(x, y)$ の座標値が，それぞれ s_x 倍，s_y 倍され，$A'(x', y')$ に移動する．

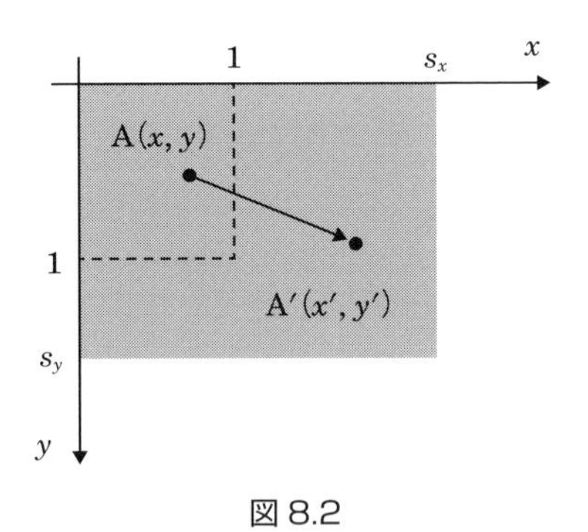

図 8.2

つまり，2 点 A，A' の関係は次式で表される．

$$x' = s_x x$$
$$y' = s_y y \qquad (8 \cdot 2)$$

これを 2×2 の変換行列 $\boldsymbol{M}$ を用いて

$$\begin{pmatrix} x' \\ y' \end{pmatrix} = \begin{pmatrix} s_x & 0 \\ 0 & s_y \end{pmatrix} \begin{pmatrix} x \\ y \end{pmatrix} \tag{8・3}$$

と表現することができる．

画像上のすべての点(x, y)に対して，この変換を行うことで，その画像そのものを横にs_x倍，縦にs_y倍することができる．そして$s_x>1$の場合は拡大を表し，$s_x<1$の場合は縮小を表す．y軸も同様である．

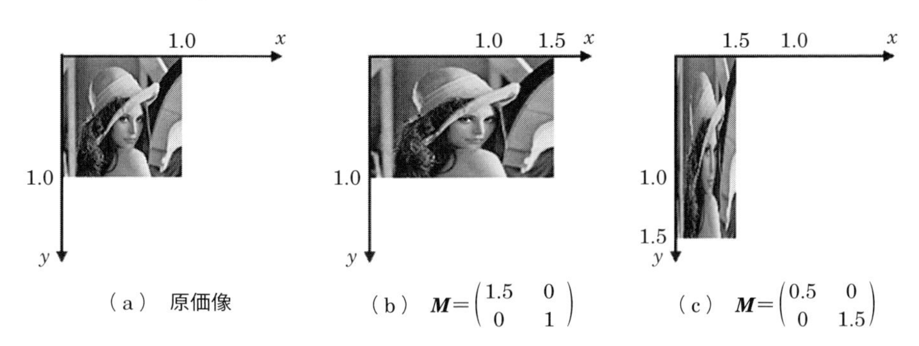

（a）原画像　（b）$M=\begin{pmatrix} 1.5 & 0 \\ 0 & 1 \end{pmatrix}$　（c）$M=\begin{pmatrix} 0.5 & 0 \\ 0 & 1.5 \end{pmatrix}$

図 8.3　拡大・縮小変換実行結果

図 8.3 の（a）は原画像を示し，（b）は横 1.5 倍の変換，（c）は横 0.5 倍，縦 1.5 倍の変換の結果を示している．

次に，拡大縮小処理のサンプルプログラムを示す（この例では，画像のサイズを横 0.7 倍，縦 0.3 倍に変換する変換行列 $\boldsymbol{M}$ を定義している）．

●サンプルプログラム 8.1

```
/*** アフィン変換（拡大縮小処理）のプログラム ***/
#include <iostream>
#include <opencv2/opencv.hpp>

//画像ファイル名
#define FILENAME "Users/foobar/Pictures/lenna.jpg"

int main(int argc, const char * argv[])
{
        //変数を定義
        cv::Mat src_img, dst_img;

        //2x2の変換行列Mを設定
```

```
        double M[2][2]={{0.7, 0},{ 0, 0.3}};

        //画像入力
        src_img = cv::imread(FILENAME, cv::IMREAD_GRAYSCALE);
        if( src_img.empty()){ //画像ファイル読み込み失敗
                printf("Cannot read image file: %s¥n", FILENAME);
                return (-1);
        }

        //結果出力用の画像ファイルを用意する
        dst_img.create( src_img.size(), src_img.type());

        for(int y=0;y<src_img.rows;y++){
           for(int x=0;x<src_img.cols;x++){
                //各画素（x, y）に変換行列Mを掛ける
                int xb=M[0][0]*x+M[0][1]*y;
                int yb=M[1][0]*x+M[1][1]*y;
                if(0<=yb && yb <src_img.rows){
                      if(0<=xb && xb<src_img.cols){
                           dst_img.at<unsigned char>(yb,xb)
=src_img.at<unsigned char>(y,x);
                      }
                }
           }
        }
        cv::imshow("input image", src_img);
        cv::imshow("output image", dst_img);

        //キー入力待ち
        cv::waitKey(0);
        return (0);
}
```

（a）　原画像

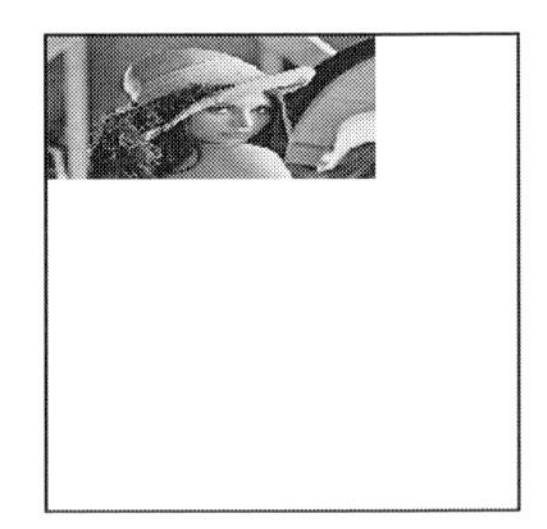

（b）　変換後

図 8.4　拡大縮小サンプルプログラム 8.1 の実行結果

2．回転変換

図形を原点中心に角度 θ だけ回転させる操作を考える．ここで

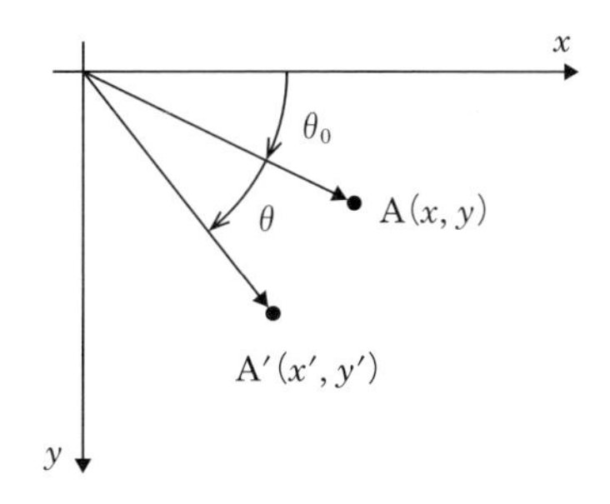

図 8.5 点 A から点 A′ への回転変換

は，画像の原点を画像の左上隅として説明する．

例えば，点 A を次式で表すとき

$$x = r\cos\theta$$
$$y = r\sin\theta \tag{8・4}$$

原点を中心に θ 回転した点 A′は次のように表される．

$$x' = r\cos(\theta + \theta_0)$$
$$y' = r\sin(\theta + \theta_0) \tag{8・5}$$

三角関数の加法定理と式(8・4)より，式(8・5)は，次のように変形できる．

$$x' = \cos\theta\cdot x - \sin\theta\cdot y$$
$$y' = \sin\theta\cdot x + \cos\theta\cdot y \tag{8・6}$$

この式は，2×2 の変換行列 $\boldsymbol{M}$ を用いると次のように表現できる．

$$\begin{pmatrix} x' \\ y' \end{pmatrix} = \begin{pmatrix} \cos\theta & -\sin\theta \\ \sin\theta & \cos\theta \end{pmatrix} \begin{pmatrix} x \\ y \end{pmatrix} \tag{8・7}$$

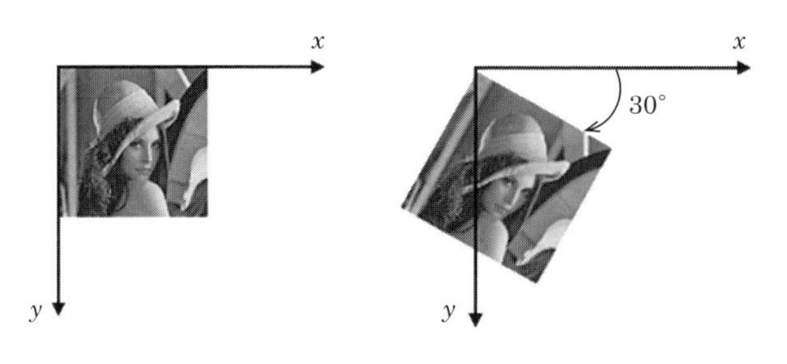

$$M = \begin{pmatrix} \cos 30^\circ & -\sin 30^\circ \\ \sin 30^\circ & \cos 30^\circ \end{pmatrix}$$

図 8.6 回転変換（θ＝30°）による実行結果

例えば30度回転の場合，30°は$\pi/6$であるから，プログラムとしては，先のサンプルプログラム8.1の配列$\boldsymbol{M}$を次のように定義する．

```
#define PI 3.14159
//2x2の変換行列Mを設定
double M[2][2]={{cos(PI/6), -sin(PI/6)},
                { sin(PI/6), cos(PI/6)}};
```

3. 剪断変形変換

長方形の形を傾けて平行四辺形にゆがませる操作を剪断変形（スキュー）と呼ぶ．x軸方向の剪断は，図形が角度αだけ傾いた図形に変換される．また，y軸方向の剪断では図形が角度βだけ傾く．

つまり，点Aが点A′に剪断により変形する場合，変換後の各座標は次のように表すことができる．

$$\begin{aligned} x' &= x + \tan\alpha \cdot y \\ y' &= \tan\beta \cdot x + y \end{aligned} \tag{8・8}$$

この式は2×2の変換行列を用いて

$$\begin{pmatrix} x' \\ y' \end{pmatrix} = \begin{pmatrix} 1 & \tan\alpha \\ \tan\beta & 1 \end{pmatrix} \begin{pmatrix} x \\ y \end{pmatrix} \tag{8・9}$$

と表すことができる．

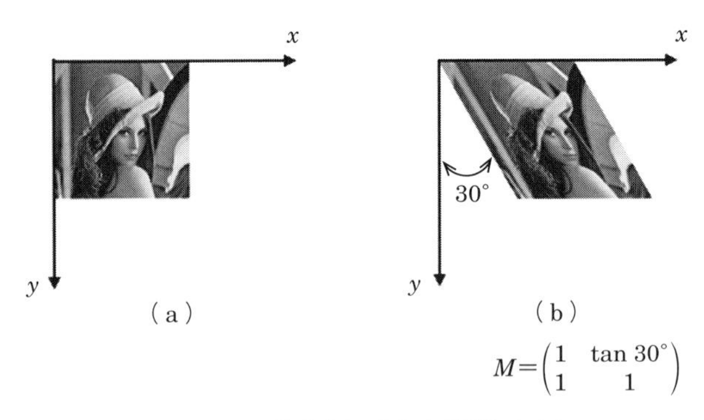

図8.7　x軸方向に30度剪断した例

4. 平行移動変換

幾何学的変換のなかで最も単純な変換が平行移動である．移動量を t_x, t_y とするとき，点 $A(x, y)$ と変換後の点 $A'(x', y')$ の関係は

$$x' = x + t_x$$
$$y' = y + t_y \qquad (8 \cdot 10)$$

となる．この場合は，式(8・1)の形で表現するならば，変換行列 $\boldsymbol{M}$ を単位行列として，次のように表すことができる．

$$\begin{pmatrix} x' \\ y' \end{pmatrix} = \begin{pmatrix} 1 & 0 \\ 0 & 1 \end{pmatrix} \begin{pmatrix} x \\ y \end{pmatrix} + \begin{pmatrix} t_x \\ t_y \end{pmatrix} \qquad (8 \cdot 11)$$

この画素毎の変換をプログラムで記述すると次のようになる．

```
xb=M[0][0]*x+M[0][1]*y+tx;
yb=M[1][0]*x+M[1][1]*y+ty;
```

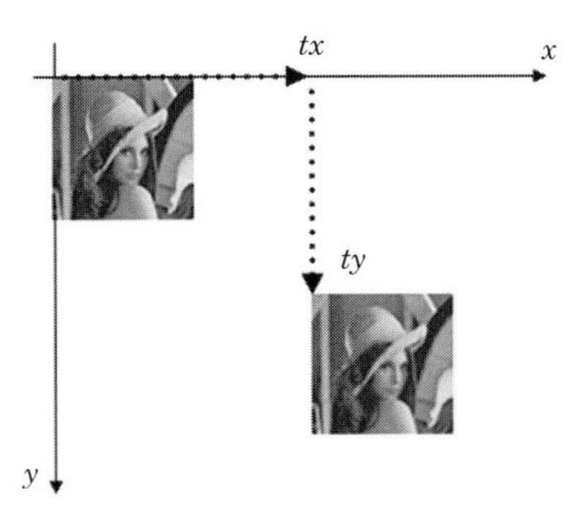

図 8.8　(8・11)式による平行移動

8.2　合成変換

1. 同次座標系

これまでの変換をまとめると，式(8・1)で示すように，拡大・縮小・回転・剪断は（2×2）行列で表現できるが，平行移動は別のベクトルの加算で表現しなければならない．次節で述べるような合成変換を行うためには，拡大・縮小・回転・剪断および平行移動をすべて行列形式で表現したほうが，計算が容易になる．そこで，同次

座標を導入する．同時座標とは，例えば，2次元座標(x, y)の場合，要素（次元）を一つ増やして，$(x, y, 1)$と表現する．この場合，アフィン変換の行列はを次式のように2×3の行列で表現できる．

$$\begin{pmatrix} x' \\ y' \end{pmatrix} = \begin{pmatrix} a & b & t_x \\ c & d & t_y \end{pmatrix} \begin{pmatrix} x \\ y \\ 1 \end{pmatrix} \qquad (8 \cdot 12)$$

アフィン変換により画像を変換するサンプルプログラムを次に示す．

●サンプルプログラム 8.2

```
#include <iostream>
#include <opencv2/opencv.hpp>
#define PI 3.14159

// 画像ファイル名
#define FILENAME "Users/foobar/Pictures/lenna.jpg"

int main(int argc, const char ** argv)
{
  //変数を定義
  cv::Mat src_img, dst_img;

  //2x3の変換行列Mを設定
  double M[2][3]={{0.5, 0.7, 10},{0.3, 1.5, 15}};

  //画像入力
  src_img = cv::imread(FILENAME, cv::IMREAD_GRAYSCALE);
  if( src_img.empty()){ //画像ファイル読み込み失敗
        printf("Cannot read image file: %s¥n", FILENAME);
        return (-1);
  }

  //結果出力用の画像ファイルを用意する
  dst_img.create( src_img.size()*2, src_img.type());

  for(int y=0;y<src_img.rows;y++){
    for(int x=0;x<src_img.cols;x++){
      int xb=M[0][0]*x+M[0][1]*y+M[0][2];
      int yb=M[1][0]*x+M[1][1]*y+M[1][2];
      dst_img.at<unsigned char>(yb,xb)=src_img.at<unsigned char>(y,x);
    }
  }
  cv::imshow("input image", src_img);
  cv::imshow("output image", dst_img);

  //キー入力待ち
  cv::waitKey(0);
  return (0);
}
```

同時座標系について

同時座標系で追加した要素は，一般に w 座標と呼び，(x, y, w) と表す．通常は $w=1$ である．

同時ベクトル $\tilde{x}$ は次のように表現できる．

$$\tilde{x}=(\tilde{x}, \tilde{y}, \tilde{w})=\tilde{w}(x/\tilde{w}, y/\tilde{w}, 1)$$

ここで，$w=0$ とすると，その座標が示す点は，無限遠点を表すことになる．

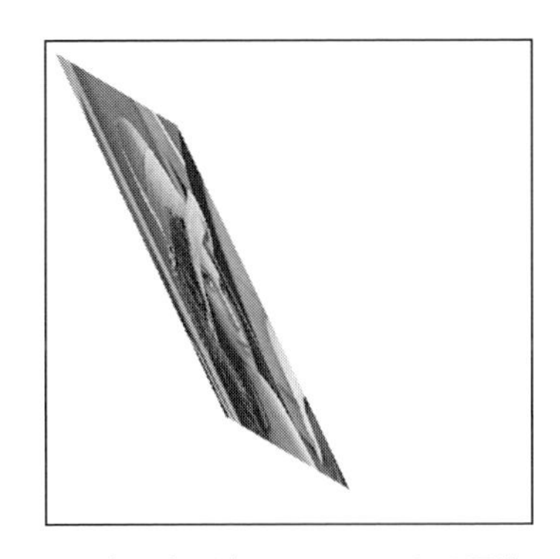

図 8.9 サンプルプログラム 8.2 による画像の変換結果

2. 変換行列の組み合わせ

これらのアフィン変換は単独で用いるのではなく，複数の変換を合成して行うことが多い．このような複数の変換処理は，変換行列を変換する順に掛けていくことと等価である．そして変換を 3×3 の行列で表現することで，複数の変換を乗算のみで表現することが可能となる．

つまり，点 A に対し，変換 $\boldsymbol{M}_1$ を行い，その結果に対してさらに次の変換 $\boldsymbol{M}_2$ を行う場合

$$A'=\boldsymbol{M}_1A$$

$$A''=\boldsymbol{M}_2A'=\boldsymbol{M}_2(\boldsymbol{M}_1A)$$

という処理が行われる．ここで，$\boldsymbol{M}_1$ と $\boldsymbol{M}_2$ の行列のかけ算を予め行うことで，二つの合成変換を一つの式で表すことができる．

$$A''=\boldsymbol{M}_3A \tag{8・16}$$

ここで，$\boldsymbol{M}_3=\boldsymbol{M}_2\cdot\boldsymbol{M}_1$ とする．

具体的には，例えば，原点を中心に30°回転させた後に，x 軸方向に２倍に拡大する場合を考える．

30度回転の行列 $\boldsymbol{M}_1$ は次のように表される．

$$\boldsymbol{M}_1=\begin{pmatrix}\cos 30^\circ & -\sin 30^\circ & 0\\ \sin 30^\circ & \cos 30^\circ & 0\\ 0 & 0 & 1\end{pmatrix} \qquad (8\cdot 18)$$

そして，x 軸方向のみに２倍に拡大する行列 $\boldsymbol{M}_2$ は次のように表される．

$$\boldsymbol{M}_2=\begin{pmatrix}2 & 0 & 0\\ 0 & 1 & 0\\ 0 & 0 & 1\end{pmatrix} \qquad (8\cdot 19)$$

回転変換の後に拡大変換する処理は，次のように行列のかけ算で表される．つまり

$$\boldsymbol{M}_3=\boldsymbol{M}_2\cdot\boldsymbol{M}_1 \qquad (8\cdot 20)$$

と表すとき，この合成変換行列 $\boldsymbol{M}_3$ は次のように表される．

$$\boldsymbol{M}_3=\begin{pmatrix}2\cos 30^\circ & -2\sin 30^\circ & 0\\ \sin 30^\circ & \cos 30^\circ & 0\\ 0 & 0 & 1\end{pmatrix} \qquad (8\cdot 21)$$

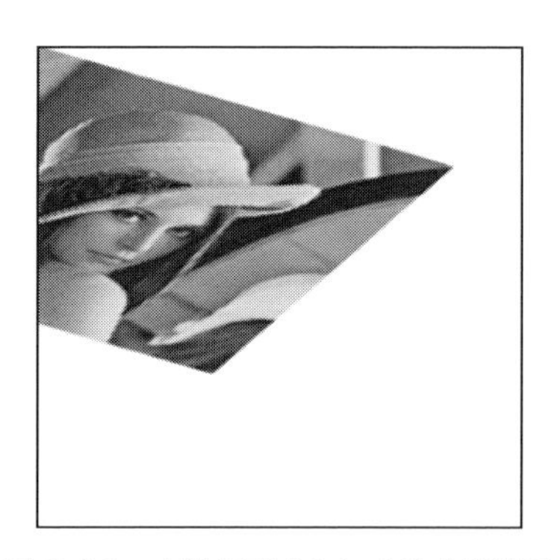

図 8.10　変数行列 $\boldsymbol{M}_3$ による変換結果

以上のように複数の行列のかけ算を行うことで，さまざまな変換が可能となる．

ここで，拡大処理を行った後に回転を行うと，変換行列式は，次のように $\boldsymbol{M}_3$ とは異なる変換行列になり，順番を変えると一般には

OpenCV 関数によるアフィン変換

OpenCV では，2×3 の変換行列を直接指定して変換を行う関数 warpAffine が用意されている．warpAffine 関数の 5 番目の引数の補間手法に関しては，8.3 節で解説する．

```
cv::warpAffine(src_img, dst_img, matrix, dst_img.size(), INTER_LINEAR);
```

1 番目の引数は入力画像，2 番目の引数は出力画像を表す．3 番目の引数は2 x 3 の変換行列を表し，4 番目の引数は入力画像のサイズを指定する．また，5 番目の引数は補間手法（INTER_NEAREST 最近傍法，INTER_LINEAR 双一次補間（デフォルト），INTER_CUBIC（双三次補間）を指定する

同じ変換にならない．

$$\boldsymbol{M}_1 \cdot \boldsymbol{M}_2 = \boldsymbol{M}_4$$

$$\boldsymbol{M}_4 = \begin{pmatrix} 2\cos 30^\circ & -\sin 30^\circ & 0 \\ 2\sin 30^\circ & \cos 30^\circ & 0 \\ 0 & 0 & 1 \end{pmatrix} \qquad (8 \cdot 22)$$

つまり，変換の順番を十分に注意して変換を行わなければならない．

3. 変換行列の推定

合成変換を行う場合，どのような変換の組み合わせで変換すれば良いかを変換後の結果から求めることは難しい．OpenCV では，変換前後の対応点から変換行列を推定する関数 getAffine Transform という関数が用意されている．つまり，元の画像(x, y)と変換後(x', y')の画像において，三つの対応点が分かれば画像を変換する行列を求めることができる．

OpenCV 関数による変換行列の推定

PpenCV では変換行列の推定を行う関数が用意されている．

```
getAffineTransform(pts1, pts2);
```

1 番目の引数は変換前の座標点配列を表す，2 番目の引数は変換後の座標点配列を表す．

●サンプルプログラム 8.3

```
#include <iostream>
#include <opencv2/opencv.hpp>

// 画像ファイル名
#define FILENAME "Users/foobar/Pictures/lenna.jpg"

int main(int argc, char *argv[])
{
        //変数を定義
        cv::Mat src_img, dst_img;
        cv::Mat affine_matrix=(cv::Mat_<double>(2,3));
        //2つの画像の対応点pts1, pts2を指定する
        cv::Point2f pts1[]={cv::Point2f(0,0), cv::Point2f(0,100),
cv::Point2f(100,100)};
        cv::Point2f pts2[]={cv::Point2f(10,15), cv::Point2f(80,165),
cv::Point2f(200,195)};

        //画像入力
        src_img = cv::imread(FILENAME, cv::IMREAD_GRAYSCALE);
        if( src_img.empty()){ //画像ファイル読み込み失敗
                printf("Cannot read image file: %s¥n", FILENAME);
                return (-1);
        }

        //アフィン変換行列を求める
        affine_matrix = getAffineTransform(pts1, pts2);

        //求められたアフィン変換行列で画像src_imgを変換する
        cv::warpAffine(src_img, dst_img, affine_matrix, dst_img.size(),
cv::INTER_LINEAR, cv::BORDER_CONSTANT, cv::Scalar::all(255));

        cv::imshow("input image", src_img);
        cv::imshow("output image", dst_img);

        cv::waitKey(0);

        return (0);
}
```

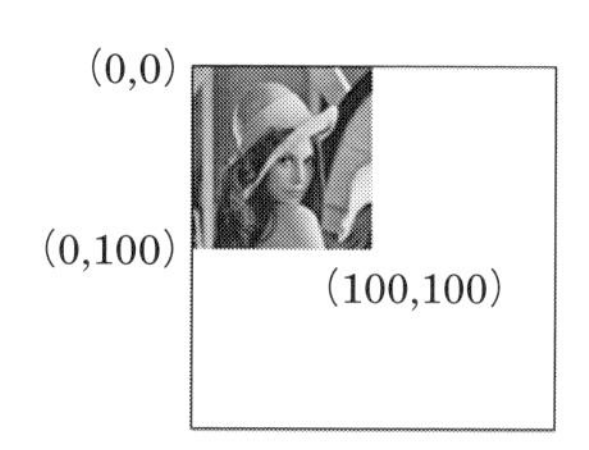

（a）　原画像

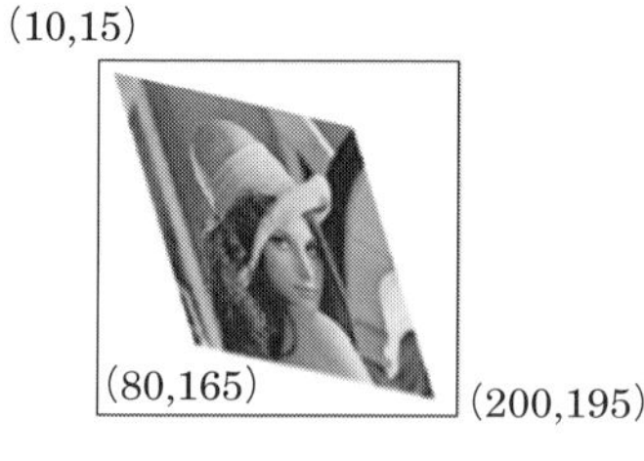

（b）　変換画像の正解値

（c）　推定した行列での変換結果

図 8.12　サンプルプログラム 8.3 による変換行列の推定結果 $\boldsymbol{M}=\begin{pmatrix}1.2 & 0.7 & 10\\ 0.3 & 1.5 & 15\end{pmatrix}$

図 8.12 はサンプルプログラムの実行結果である．原画像の座標(0, 0)，(0, 100)，(100, 100) がそれぞれ（b）の画像の (10, 15)，(80, 165)，(200, 195) に対応するように指定した．その結果，変換行列 $\boldsymbol{M}$ = ((1.2, 0.7, 10)，(0.3, 1.5, 15)) が指定されている．

8.3　変換後の画素補間

画像を幾何学的変換すると，変換の前後で，画素の対応は 1 対 1 にならない場合が多い．例えば図 8.13 に示すように，（a）の原画像を 30 度回転した場合，（b）の灰色に塗った画素の値は，原画像では四つの画素が対応してしいる．そこで，変換前の画素の情報を使って，変換後の画素を補間処理する必要がでてくる．この処理を画像の再標本化と呼ぶ．本節では，代表的な補間方法を解説する．

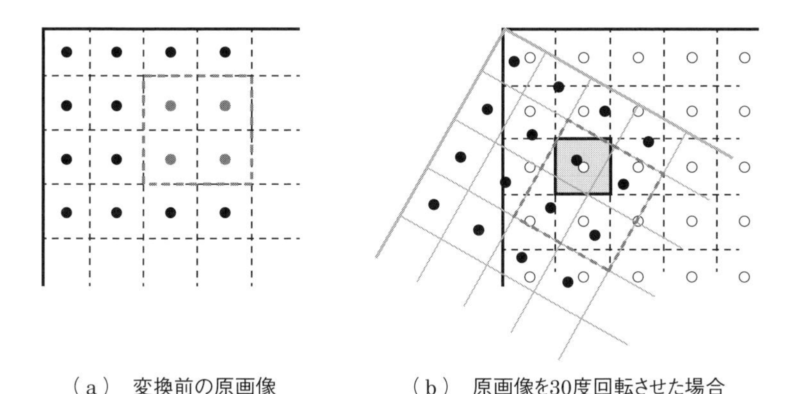

（a）　変換前の原画像　　　（b）　原画像を30度回転させた場合

図 8.13　変換後の座標位置の画素の対応

(a) 最近傍法（ニアレストネイバー）

補間方法として最も単純な方法は，求めたい位置に最も近い画素の値をそのまま利用する方法である．この方法をニアレストネイバーと呼ぶ．この処理は非常に高速であるが，滑らかなエッジがギザギザになりやすい．

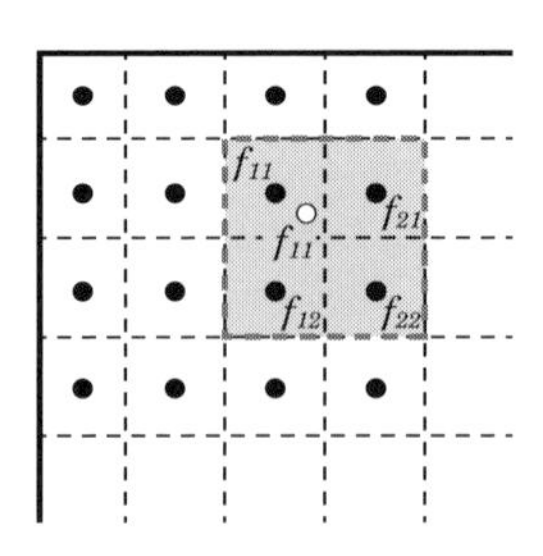

図 8.14　最近傍法による画素補間

(b) 双一次補間法（バイリニア補間法）

求めたい位置(x, y)の画素の輝度値を，周りの 4 点の画素の輝度値を用いた線形補間により計算数方法である．周りの 4 点の画素の重み付きの平均値を求めることになるため，平滑化の効果が生じる．

白丸の画素の値を求めるため，まず，x 軸方向に線形補間する．つまり，△の座標の画素の輝度値 fy_1, fy_2 は，それぞれの両隣の画素までの距離を重みとして，それぞれの画素の輝度値を加算して求める．次に二つの△の輝度値を y 軸方向の距離で重み付けして，線形補間を行う．

$$I(x, y) = (d_{y2} \quad d_{y1}) \begin{pmatrix} f_{11} & f_{21} \\ f_{12} & f_{22} \end{pmatrix} \begin{pmatrix} d_{x2} \\ d_{x1} \end{pmatrix}$$

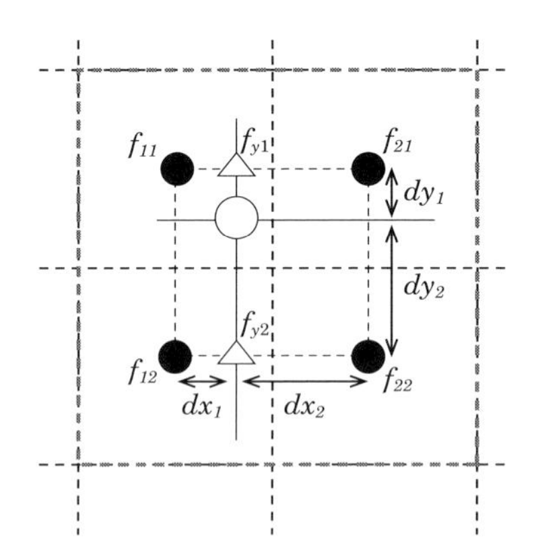

図 8.15　双一次補間法による画素補間

(c) 双三次補間法(バイキュービック補間法)

求めたい画素の周りの 16 点の画素の輝度値を用い，3 次式で補間する方法である．バイリニア手法に比べてよりシャープで自然な画像が得られる[4]．

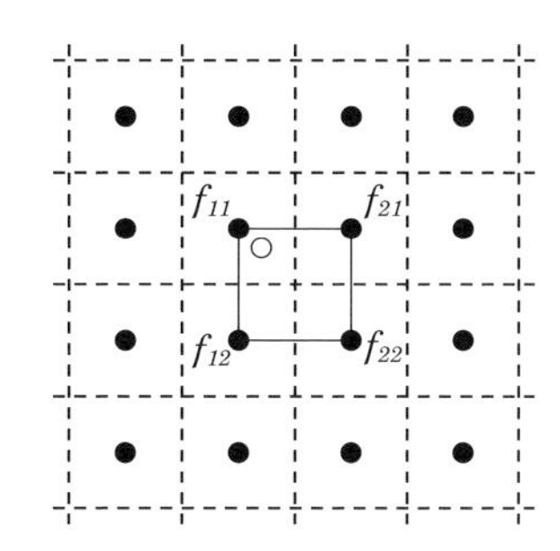

図 8.16　双三次補間法による画素補間

8.4 透視変換

2 次元画像を 3 次元空間に配置した 1 枚の平面と捉えるとき，その画像を 3 次元空間のある方向(視点)から見たような遠近感を表現する変換を透視変換と呼ぶ．座標(x, y)が，(x', y')に変換されるとするとき，この透視変換は次式で表現できる．

$$\begin{pmatrix} wx' \\ wy' \\ w \end{pmatrix} = \begin{pmatrix} a & b & c \\ d & e & f \\ g & h & i \end{pmatrix} \begin{pmatrix} x \\ y \\ 1 \end{pmatrix} \tag{8・22}$$

つまり，変換後の座標は

$$x' = \frac{wx'}{w} = \frac{ax + by + c}{gx + hy + 1} \tag{8・23}$$

$$y' = \frac{wy'}{w} = \frac{dx + ey + f}{gx + hy + 1} \tag{8・24}$$

と表される．

透視変換の画像に変換するサンプルプログラムを次に示す．式(8・23)および式(8・24)を見てわかるように，透視変換行列の各要素の値は座標に複雑に関係するため，行列の各要素を直接設定することは難しい．OpenCV には，４組の対応点から，透視変換行列を推定する関数 getPerspectiveTransform が用意されている．

●サンプルプログラム 8.4

```
/*** 透視変換を行うプログラム ***/
#include <iostream>
#include<opencv2/opencv.hpp>
#include<opencv2/highgui/highgui.hpp>

//画像ファイル名
#define FILENAME "Users/foobar/Pictures/lenna.jpg"

int main(int argc, const char *argv[] )
{

        //変換行列を定義
        cv::Mat matrix( 2, 4, CV_32FC1 );
        //  入出力画像を定義
        cv::Mat src_img, dst_img;

        //画像入力
        src_img = cv::imread( FILENAME, cv::IMREAD_COLOR );
        if( src_img.empty()){ //画像ファイル読み込み失敗
                printf("Cannot read image file: %s¥n", FILENAME);
                return (-1);
        }

        //変換行列を初期化
        matrix = cv::Mat::zeros( src_img.rows, src_img.cols, src_img.type() );

        //変換対象の4点を指定
        cv::Point2f inputPoints[]={cv::Point(10,10), cv::Point(400,10),
cv::Point(400,380), cv::Point(10,380)};
        cv::Point2f outputPoints[]={cv::Point(100,80), cv::Point(310,80),
cv::Point(400,380), cv::Point(10,380)};

        //変換行列matrixを計算
        matrix = getPerspectiveTransform( inputPoints, outputPoints );

        //求めた変換行列matrixを使って入力画像src_imgを変換
        warpPerspective(src_img,dst_img,matrix,dst_img.size() );

        //画像の表示
        cv::imshow("Input image",src_img);
        cv::imshow("Output image",dst_img);

        cv::waitKey(0);
        return (0);
}
```

この関数を使って，矩形領域を台形に変換する例を図 8.17 に示す．(a) の原画像の 4 隅の点(10, 10)，(400, 10)，(400, 380)，(10, 380)を，画像内に示した台形に変形するように 4 点(100, 80)，(310, 80)，(400, 380)，(10, 380)を指定して，変換した結果が (b) である．上から撮影した写真を斜め上方向から撮影したような透視投射に近い画像に変換できている．

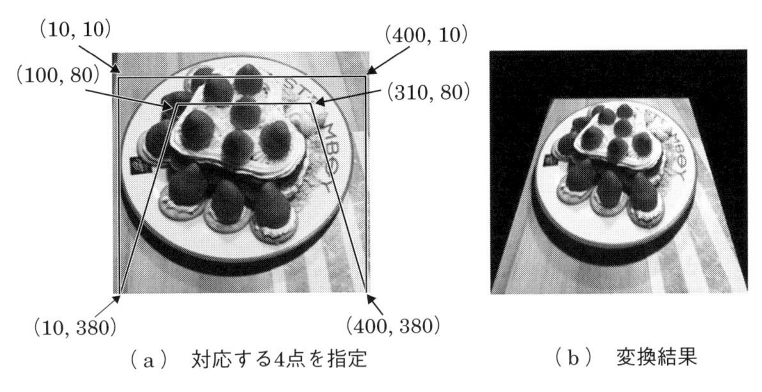

（a） 対応する4点を指定　　（b） 変換結果

図 8.17　透視変換の実行結果

演 習 問 題

問 1　アフィン変化により長方形はどのような形に変形される可能性があるか答えよ．

問 2　回転と移動変換の処理の順番を入れ替えた場合，どのように結果が変わるかを図で示せ．

問 3　問 2 で行った変換行列の処理の順番を逆にした二つのプログラムを実装し，結果を比較せよ．

問 4　画素補間の結果を比較せよ．

第9章

動画像処理

本章では，動画像処理の特徴と実例について述べる．動画像は，多数のコマ（フレーム）によって構成されており，フレーム間の画素の明るさ（画素値）の相関が大きいという特徴がある．この特徴を利用することにより，フレーム間の物体の動きを追うことが可能になる．それにより，例えば監視カメラ中の侵入者を検知することができる，撮影した物体の速度を知ることができるなど，さまざまな応用に活用できる．また，フレーム間の相関の大きさを利用することにより情報量を大きく減らすことが可能になる．そこで本章ではまず，動画像特有の特徴について整理する．次に，フレーム間の物体の動きを追うことによって可能となるいくつかの応用事例について述べ，フレーム間の物体の動きを示すベクトルの集まりである「オプティカル・フロー」の導出法を説明する．最後に，フレーム間の相関を利用したデータ圧縮を行っている動画像符号化について解説する．

9.1 動画像とはどのようなものか

動画像とは，複数の静止画を一定の時間間隔で連続的に表示したものである．人間の目は，1秒間に30枚以上の画像を連続的に見ると，画像がスムーズに動いているように見えることが経験的に知られている．そこで，少なくとも 30 枚／秒の画像を表示することにより，動く映像を表現している．

図 9.1 に，動画像のイメージを示す．図では，30 枚の静止画により 1 秒分の動画像が構成されており，さらに 1 秒分の動画像 60 組の，合計 1 800 枚の静止画により 1 分の量の動画像が構成されている．図のように，動画像は膨大な量の静止画像から成り立っており，1 枚 1 枚の静止画像（フレーム）の間は，似通った画素のパターンをもつという特徴がある．

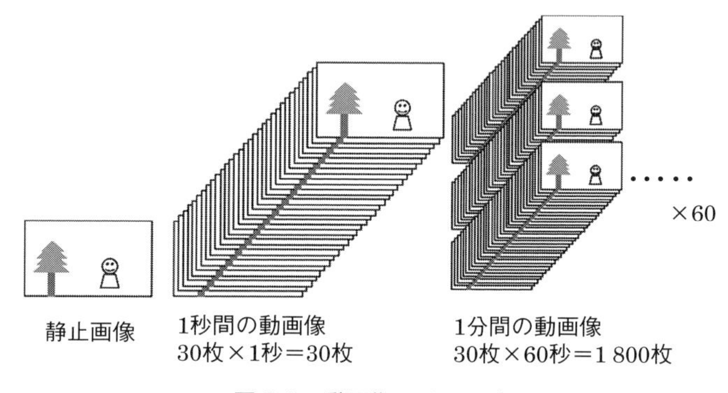

図 9.1　動画像のイメージ

なお，動画像の 1 枚 1 枚のコマのことを，「フレーム」と呼ぶ．また，1 秒間に表示されるフレームの数を，フレームレートと呼ぶ．一般的には，1 枚の画像の大きさ（解像度）と，フレームレートによって動画像の品質が決まる．解像度が高ければ，映像を細部まで表現することが可能となり，フレームレートが高ければ，画像が滑らかな動きをしているように見える．

9.2　動画像特有の特徴

前述のように，動画像のフレーム間隔は 1/30 秒という非常に短い時間であるため，時間的に隣り合ったフレーム同士は，似通った画素のパターンをもつ．すなわち，動画像には，フレームの間の相関関係が強いという特徴がある．この性質を利用することにより，以下のようなことが可能になる．

(1)　撮影対象物の動きを検出することにより，動画像の中の物体のふるまいを知ることができる．

静止画1枚の画像だけでは，静止している物体か動いている物体かを判別できない．動画像では，撮影対象物の動きを検出することにより，動画像の中の物体の動きを知ることができる．そこで，画像の特定の物体に注目して，その動きがフレーム間でどのように変化しているかに注目すると，さまざまな情報を知ることができる．例えば監視カメラの映像中の侵入者を検知することができる，撮影した物体の速度を知る，などということが可能となる．動画像中の局所的な速度を求めたベクトルの集合を「オプティカル・フロー」と呼ぶ．オプティカル・フローによって動画像中の物体の動き知ることができる．どのような方法でオプティカル・フローを導出して動きを追うかに関しては，9.3節で述べる．

(2)　フレーム間の差分を取ることにより，情報量を大きく減らすことができる．

このように，動画像は時間的に隣り合ったフレーム同士で似通った画素のパターンをもつことが多い．そのため，例えば図9.2のように隣り合うフレームの同じ位置の画素同士の差分を取ると，画素値の差がゼロに近い場合が多いことが知られている．このような画像に対して，フレーム間の画素値の変化をデータとした画像圧縮の方法を用いて圧縮を行うと，そのままの画像を圧縮するよりもデータ量の減り方が大きくなる．

差分を取る際の最も単純な方法は，連続するフレームの同じ位置の画素同士で差分を求める方法が考えられる．このような方法で差分を求めた結果得られる画像を図9.2に示す．図のように，連続するフレームの同じ位置同士は同じ画素値をもつ場合が多いので，フレーム間差分画像のほとんどの領域の画素値は，非常に小さな値となる．

動画ファイルを入力してフレーム間差分を行うプログラムは，サンプルプログラム9.1のようになる．プログラム中では，まず①において動画像入出力用のライブラリである．

過去フレーム

－

現在フレーム

＝

フレーム間差分

図 9.2　フレーム間差分

"opencv_videoio300.lib" をインストールしている．次に②のcv::VideoCapture において指定された動画像ファイルを開いて，③において直前の画像をコピーする．その後④と⑤でフレームの取得とグレイスケール化を行い，⑥においてフレーム間差分を実行している．最後に⑦において差分画像を表示する．以降，③から⑦までの流れを繰り返す．

上記の他に，後に 9.3 節で述べるような方法で画像中の物体の動きを追いながら，物体が動いた先の画素との差分を取ると，画素値の差がさらに小さくなる場合が多くなる．このような性質を利用することにより，さらに情報量を大きく減らすことができるようになる．パソコン，ビデオカメラ，スマートフォン，ブルーレイプレーヤーなど，さまざまな製品で使われている動画像圧縮法として，MPEG 符号化[1)2)3)]が知られている．MPEG 符号化では，上記のような性質を利用した情報量の削減が行われている．MPEG 符号化が，上記の特徴をどのように利用しているのかについて，9.4 節で述べる．

MPEG：Moving Picture Experts Group

●サンプルプログラム 9.1　動画ファイルを入力してフレーム間差分を行うプログラム

```
//動画を入力してフレーム間差分を行うプログラム
#include <iostream>
#include <opencv2/opencv.hpp>

//①ライブラリのインストール
#pragma comment(lib,"opencv_videoio300.lib")

int main(int argc, const char* argv[]) {

    cv::Mat prev;       //1つ前のフレームの配列
    cv::Mat curr;       //現在のフレームの配列
    cv::Mat pgray;      //1つ前のフレームのグレイスケール画像
    cv::Mat cgray;      //現在のフレームのグレイスケール画像
    cv::Mat diff;       //フレーム間差分後の画像

    //②取り込む動画ファイルを開く
    cv::VideoCapture capture("movie.avi");

    capture >> curr;    //ファイルからの1フレーム分の画像を配列currに取り込む
    //グレイスケールに変換
    cv::cvtColor(curr,cgray,CV_BGR2GRAY);

    while(1) {

        cgray.copyTo(pgray);         //③直前のフレームをコピー
        capture >> curr;             //④1フレーム分の画像を取り込む
        if(curr.empty()) break;
        //⑤グレイスケールに変換
        cv::cvtColor(curr,cgray,CV_BGR2GRAY);

        cv::absdiff(cgray,pgray,diff); //⑥フレーム間差分を実行

        cv::imshow("src",curr);        //入力画像を表示
        cv::imshow("diff",diff);       //⑦差分後の画像を表示

        if(cv::waitKey(1)>=0) break;

    }

    return 0;

}
```

9.3 オプティカル・フローによる動き検出

1. オプティカル・フロー

オプティカル・フローとは，動画像中の局所的な速度をベクトルの集まりで表現したものである．「画像の中の，この部分の動きの向きと大きさはこの値である」という情報を，ベクトルで表現する．これにより，画像中のどの部分に動く物体があるかがわかる．図9.3にオプティカル・フローの概念図を示す．図の左側の画像の点の位置に示すように，画像の位置ごとに局所的な動きを示すベクトルが存在する．例えば図の左側の木の葉は，小刻みに移動することがわかり，図の右側の人物は右に向けて速度(v_x, v_y)で移動していることがわかる．

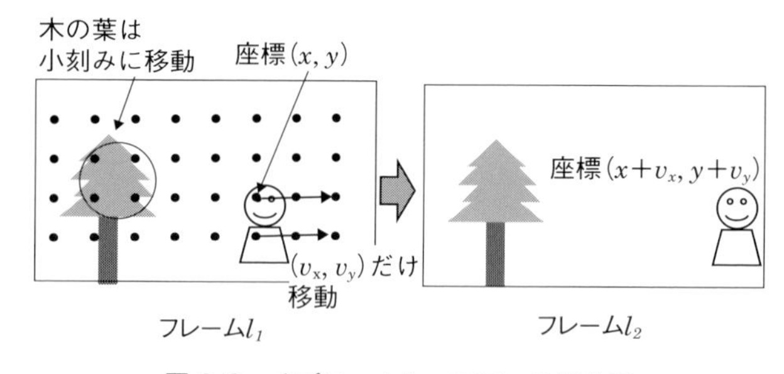

図9.3　オプティカル・フローの概念図

オプティカル・フローの抽出法として代表的なものに，ブロック・マッチング法と勾配法がある．両者のうち，ブロック・マッチング法は，比較的正確なオプティカル・フローを推定することができるが，計算に時間がかかるという欠点がある．勾配法は，比較的短時間で推定できるものの，特別な拘束式が必要となるという欠点がある．

2. 応用例

オプティカル・フローの応用例としては，さまざまなものが考えられる．以下に，いくつかの応用事例について述べる．

• 撮影した物体の速度を知る

カメラの画角（撮影される対象の範囲を角度で表したもの），およびカメラと物体の距離がわかっている場合，オプティカル・フローの大きさから撮影した物体の速度を測ることができる．

• 監視カメラで撮影された動体のふるまいを知る

監視カメラ中の動体について，それが侵入者か，あるいは光源の変化や風による背景物体の揺れなどの，移動物体とは異なる「背景の揺らぎ」か区別するために，オプティカル・フローを用いる方法が有効な場合がある．例えば，オプティカル・フローが時間的に小刻みに変化している場合，風で木の葉や旗などが揺れている可能性が高い．逆にオプティカル・フローが，時間によって大きく変化していない場合，侵入者の可能性がある．

動画像の応用事例とは異なるが，他にも以下のような応用事例が考えられる．

• 複数枚の画像の位置を合わせる

例えば撮影位置を少しずつずらして撮影された複数枚の写真画像の位置を合わせて，パノラマ画像のような大きな写真画像を生成することができる．

3. 導出法 1：ブロック・マッチング法

ブロック・マッチング法は，連続する 2 枚の画像のはじめ一方を小領域に分割し，分割された各領域について，もう一方の画像上で最も輝度の誤差が少ない位置を総当たりで探す手法である．輝度の誤差としては，領域全体の輝度差の総和や，輝度差の二乗の和などが用いられる．ブロック・マッチング法の流れを図 9.4 に示す．図のように，少しずつ領域をずらしながら 2 枚の画像を検出してゆき，両者の差が最も少ない領域を，その領域の動きを示すベクトルとする．図では，1～6 回目の探索の例を示しており，6 回目の探索の結果が，最も二つのフレームの差が小さいので，6 回目の探索の結果がその領域の動きベクトルと判断される．

ブロック・マッチング法のアルゴリズムでは，下記のような手順に従って，画像の左上の領域から右下の領域までを順番に処理する．このとき，一つの領域の大きさを $N \times N$ 画素とし，探索を行う

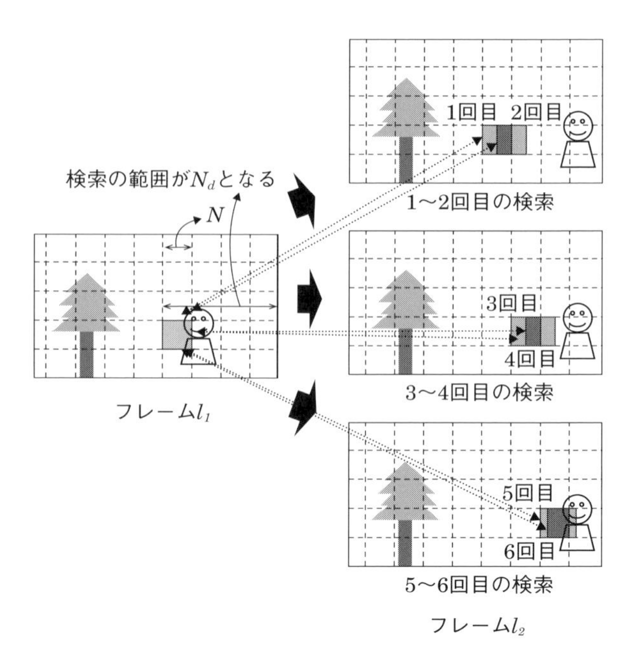

図 9.4　ブロック・マッチング法

範囲を，縦横それぞれについて着目領域から$-N_d$～N_d画素の範囲内とする．また，着目領域の最も左上の画素の座標を(x, y)とする．

1)　1枚目の画像の着目領域を，画素(x, y)から$(x+N-1, y+N-1)$までの$N\times N$画素とする．また，$i=-N_d$，$j=-N_d$として，次の2）の手順で2枚目の画像の着目領域の初期値を設定する．

2)　2枚目の画像の着目領域を，画素$(x+i, y+j)$から$(x+i+N-1, y+j+N-1)$までの$N\times N$画素とする．

3)　1枚目，2枚目の画像の着目領域の誤差を求める．誤差を求める際は，両者の領域の画素を，左上から右下まで順に一組にしたものを「ペア」とし，各ペアの輝度値の差，もしくは輝度値の二乗を求めて，すべてのペアの総和を求める．

4)　3)で求められた誤差が，これまでに求めた誤差の中で最小の場合，求められた誤差の値を最小誤差とする．

5)　iまたはjを更新して，2枚目の画像の着目領域を更新し，2）へ戻る．この手順を，$i=N_d$，$j=N_d$となるまで繰り返し，す

●サンプルプログラム 9.2　ブロック・マッチング法のソースコード

```
//ブロック・マッチング法
#include<iostream>

#define HEIGHT 480                          //画像の高さ
#define WIDTH  640                          //画像の幅
#define N      16                           //一つの領域の範囲
#define N_d    64                           //探索の範囲
#define MAX_VALUE 1000000

unsigned char I_1[WIDTH][ HEIGHT];  //直前フレームの画素値
unsigned char I_2[WIDTH][ HEIGHT];  //現在フレームの画素値
int gosa_min[WIDTH][ HEIGHT];       //誤差
double v_x[WIDTH][ HEIGHT];  //オプティカル・フローのx成分
double v_y[WIDTH][ HEIGHT];  //オプティカル・フローのy成分

int calc_gosa(int x, int y, int x2, int y2){
    //誤差の計算
    int i, j;
    int gosa_r=0;

    for(j=0; j<N; j++){
        for(i=0; i<N; i++){
            gosa_r+=abs(I_1[x+i][y+j]-I_2[x2+i][y2+j]);
        }
    }
    return gosa_r;
}

void main(int argc, const char *argv[]){
    int i, j, x, y;
    int gosa;

    for(y=0; y<HEIGHT; y+=N){
        for(x=0; x<WIDTH; x+=N){
            gosa_min[x][y]=MAX_VALUE;
            v_x[x][y]=-N_d;
            v_y[x][y]=-N_d;
            for(j=-N_d; j<=N_d; j++){
                for(i=-N_d; i<= N_d; i++){
                    gosa=calc_gosa(x, y, x+i, y+j);
                    if(gosa<gosa_min[x][y]){
                         gosa_min[x][y]=gosa;
                         v_x[x][y]=i;
                         v_y[x][y]=j;
                    }
                }
            }
        }
    }
    return;
}
```

べての i, j での探索を終えたら，6)へ進む．

6)　5)までの手順で求まった最小誤差を，当該領域の最小誤差とし，最小誤差を示した(i, j)の値を，当該領域のオプティカル・フローと定める．

以上を，C言語のソースコードで表現すると，サンプルプログラム9.2のようになる．プログラム中では省略されているが，プログラム中の配列変数の一番目の添字と二番目の添字が，それぞれ0～WIDTH−1，0～HEIGHT−1を超える場合，超えることがないように例外処理を行う必要がある．

4. 導出法2：勾配法

勾配法は，「画像上の物体の明るさは移動の前と後で変化しない」「位置による物体の明るさの変化は滑らかである」という仮定に基づいている．つまり，画素値の時間的な変化（時間微分）と，オプティカル・フローの関係式を求め，求められた関係式に基づいてオプティカル・フローを導出する方法である．勾配法に基づいてオプティカル・フローを求めるにあたって，2枚の画像に対して以下のように仮定する．

仮定1：画像中の物体が移動した場合も，物体の明るさは変わらず，従って画素値も変わらない．

仮定2：画像中の画素パターンは滑らか（微分可能）である．

仮定3：画素の移動量は小さい．

この時，物体の移動前後の画素値は変わらないので

$$I_2(x+v_x, y+v_y) = I_1(x, y) \qquad (9 \cdot 1)$$

となるように，オプティカル・フローのベクトルの x 成分と y 成分である v_x, v_y を求める．上式のうち $I_2(x+v_x, y+v_y)$ を近似すると，以下の式のようになる（近似には，テイラー展開という手法が用いられる）．

$$I_2(x+v_x, y+v_y) = I_2(x, y) + \frac{\partial I_2}{\partial x} \cdot v_x + \frac{\partial I_2}{\partial y} \cdot v_y \qquad (9 \cdot 2)$$

（ここで，$\partial I_2/\partial x$ の定義は，画素の y 成分を無視して x 成分だけで微分する，といった程度と思えばよい）

式(9・2)を式(9・1)に代入すると以下の式が得られる．

$$\frac{\partial I_2}{\partial x} \cdot v_x + \frac{\partial I_2}{\partial y} \cdot v_y = -(I_2(x, y) - I_1(x, y)) \quad (9 \cdot 3)$$

上式を，オプティカル・フローの拘束方程式と呼ぶ．オプティカル・フローの拘束方程式は，1 画素あたり 1 個のみだが，知りたい値は v_x と v_y の二つあるので，これだけでは v_x と v_y の両方を求めることができない．したがって，もう一つ式を増やして，v_x と v_y を推定する必要がある．この推定方法については，空間的局所最適化法や LucasKanade 法，Farneback のアルゴリズムなどの方法がある．これらの方法はいずれも，近い画素の動きが互いに一定か，あるいは近い値を取ると仮定したものである．実際の映像においても，動体が存在する領域や，そもそも動きのない領域はほぼ一定の動きを示す場合が多いので，これらの方法で相当程度に正確なオプティカル・フローを求めることができる．

なお，OpenCV 3.0 の C++ 言語においては，上記のうち Lucas Kanade 法と Farneback のアルゴリズムが利用可能となっている．それぞれ，cv::calcOpticalFlowPyrLK と cv::calcOpticalFlow Farneback で利用可能である．

9.4 MPEG 符号化

9.2 節の末尾で述べたように，MPEG 符号化では，時間的に隣り合ったフレーム同士が似通った画素パターンをもつ性質を利用した情報量の削減が行われている．この節では，この特徴をどのように利用しているのかについて述べる．

MPEG 符号化とは，映像と音声に関する符号化の標準規格の一つである．圧縮したデータを完全に元の形には戻せない「非可逆符号化」であるが，データを大幅に（数百～数千分の一に）圧縮できるという特徴をもつ．MPEG 符号化は，離散コサイン変換*と量子化，ハフマン符号化などの可逆符号化を組み合わせることによって情報量を大きく減らしている．MPEG では，それらに加えて，前後のフレームの似たようなパターンの領域との差分を取る「動き補償」という処理を行うことによってさらに情報量を減らしている．

*離散コサイン変換（DCT：Discrete Cosine Transform）

この「動き補償」において，ブロック・マッチングによるオプティカル・フローの検出と似たような処理を行っている．それによって情報量を大きく減らすことができるのが，動画の符号化の特徴である．この節ではまず，MPEG 符号化と似たような原理を用いている JPEG[4] についてまず説明し，JPEG と MPEG の大きな違いについて簡単に説明する．最後に，「動き補償」では具体的にどのようなことを行っているのかを説明する．

1．MPEG 符号化の前に…　JPEG 符号化について

JPEG：Joint Photographic Experts Group

MPEG 符号化の前に，似たような原理で静止画の情報量を削減している JPEG 符号化を知っておくと，MPEG の原理が理解しやすくなる．

下の図 9.5 に，JPEG 圧縮の処理の手順を示す．JPEG 圧縮は，

1）　フォーマット変換により，赤（R）緑（G）青（B）形式から輝度（Y）色差（Cr, Cb）形式に変換する
2）　離散コサイン変換（DCT）により，画像の情報を特定成分に偏らせる
3）　量子化によって情報量を落とす
4）　ハフマン符号化により圧縮する

の順番で処理される．以下，おのおのの処理について解説する．

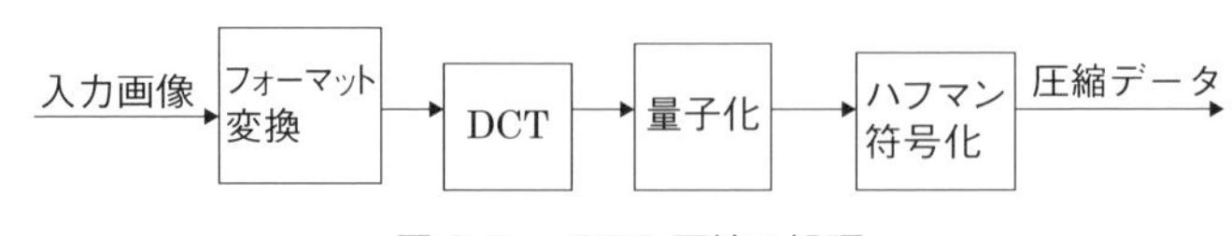

図 9.5　JPEG 圧縮の処理

(a)　フォーマット変換

入力画像は，通常は赤（R）緑（G）青（B）の三つの成分からなる，RGB 形式となっている．このような形式の画像を，輝度（Y），色差（Cr, Cb）の三つの成分に変換する．人間の目は，色差の情報の違いに気づきにくいという性質がある．そこで，画素成分を RGB 形式から YCrCb 形式に変換したうえで，CrCb の各成分を間引いたり，劣化の程度が激しくなることを許容して高い圧縮を掛けるなどという処理を行う．RGB 形式と YCrCb 形式の変換式は，

以下のようになる．

$$Y = 0.299R + 0.587G + 0.114B \tag{9・4}$$

$$C_r = 0.500R - 0.419G - 0.081B \tag{9・5}$$

$$C_b = -0.169R - 0.332G + 0.500 \tag{9・6}$$

(b) 離散コサイン変換（DCT）

離散コサイン変換（DCT）は，離散フーリエ変換同様，離散信号を周波数領域へ変換する方法の一つである．離散フーリエ変換と異なり，変換前後の係数がすべて実数になるという特徴がある．DCT により，画像信号は特定の成分（周波数の低い成分）へ情報が集中する．この性質を利用することにより，見た目の画質を大きく損なうことなく，データ量の大幅な圧縮を実現することができる．JPEG 符号化では，8×8 画素に対する二次元の DCT を行っている．

(c) 量子化

DCT 変換を行った後の，8×8 画素単位のデータの塊（DCT 係数と呼ぶ）に対して，ある決まった数字（この数字は，DCT 係数のどの部分かによって異なる）で割って小数点以下を切り捨てる処理を行う．このようにすると，DCT 係数がある値の範囲内の整数に収まるため，次のハフマン符号化でデータを大きく圧縮することができる．このときに割る数字を行列にしたものを，量子化行列と呼ぶ．量子化行列の例を，図 9.6 に示す．例えば，DCT 係数の一番左上の成分は 16 で，その右隣の成分は 11 で割る．図 9.6 の例に示すように，量子化行列の値は，右下に行くほど大きな値をもつ傾向がある．このようにすると，見た目の劣化具合に比べて大きくデ

16	11	10	16	24	40	51	61
12	12	14	19	26	58	60	55
14	13	16	24	40	57	69	56
14	17	22	29	51	87	80	62
18	22	37	56	68	109	103	77
24	35	55	64	81	104	113	92
49	64	78	87	103	121	120	101
72	92	95	98	112	100	103	99

図 9.6 量子化行列の例

ータを圧縮することが可能であることがわかっている．

(d) ハフマン符号化

ハフマン符号化とは，可逆符号化の一種で，頻繁に登場するデータには短いビット列を，登場頻度の少ないデータには長いビット列を割り当てることによって情報量を削減している符号化法である．

対象となるデータ列に偏りがある場合，ハフマン符号化によってデータ量を大きく圧縮することができる．DCT と量子化を経たデータは，ゼロまたはゼロに近い値の割合が高くなるので，ハフマン符号化によってデータ量を大きく減らすことができる．

2. MPEG 符号化とは

MPEG とは，Moving Picture Experts Group の略称で，動画像圧縮の標準的な規格の一つである．図 9.7 に，MPEG 符号化の処理の大まかなブロック図を示す．図に示すように，いったん圧縮した画像を元に戻した後に，次のフレームとの間の差分処理を行っている．次に，差分処理を行った画像を，次のフレームと見なして，DCT→量子化→可変長符号化（JPEG ではハフマン符号化と呼んでいた）の順に処理を行っている．このように，前の画像と後の画像で差分処理をすることによって，同じようなデータ（ここでは，差分処理を行った後の画素のこと）のパターン（ゼロの場合が多い）が並び，データ列に偏りができる．ハフマン符号化含む可変長符号化では，データ列に偏りがある場合にデータ量を大きく圧縮することができるので，差分処理によって符号化後の符号量を大きく減らすことができる．

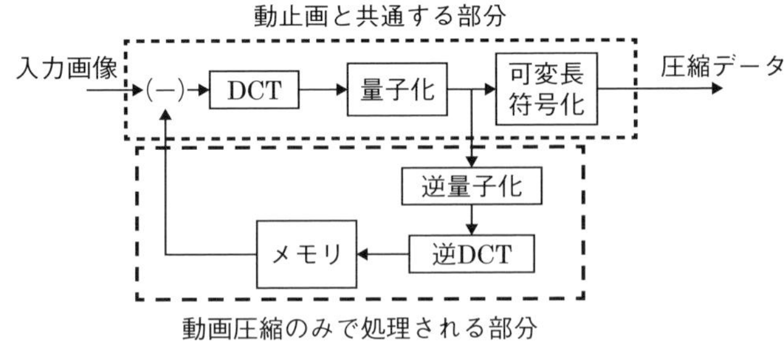

図 9.7　MPEG 符号化のブロック図

図 9.7 では，DCT→量子化の後に，逆量子化→逆 DCT の処理を行っている．量子化を行った場合，処理後の画像を元に戻すことができない（このような圧縮を，不可逆圧縮と呼ぶ）ので，圧縮した画像を再生するプロセス（逆量子化→逆 DCT）と同じ処理を行っている．その後，逆量子化→逆 DCT を行った画像と入力した後続フレームとの間で，差分処理を行うことになっている．

3. MPEG 符号化のためのフレーム間の差分処理

フレーム間の差分処理を行う場合，以下のような方法が考えられる．

・方法 1：単純に，直前のフレームとの引き算を行う．
　一つ前のフレームの，同じ位置のピクセル同士で引き算を行う方法である．処理は単純だが，圧縮率は上がらない．

・方法 2：ブロック・マッチング法と似たような方法を使って，直前のフレームの中から，一番圧縮率の高まりそうな場所を探す．
　多くの場合，動画の中の物体は，形状を維持したまま画面内を移動している場合が多い．そこで，直前のフレームから，類似の形状の画素パターンを探し出して，最も類似したパターンと現在の画素との差分処理を行うという方法が一般に用いられる．この方法を用いると，類似した画素パターンを拾いやすくなるため，圧縮率を高めることができる．

・方法 3：直前のフレームの他に直後のフレームを使って，方法 2 と同様の手法によって差分処理の効果が高まりそうな場所を探す．
　基本的には方法 2 と同様の方法を用いるものの，直前のフレームだけでなく，直後のフレームも探索の対象に含める．動画の場合，場面が切り替わる前後では画素のパターンがまったく異なるものになるため，差分処理ではあまり情報量が減らない．その場合，着目フレームの直前ではなく，直後のフレームを探索の対象にすることにより，差分処理の効果を高めることができる．

上記の「方法 2」「方法 3」のような処理は，「動き補償」と呼ばれる．これらの処理は多大な計算量がかかるが，圧縮率は高くなる．図 9.8 に，方法 3 による，前後のフレームとのマッチングの例を示す．このように，画像の場所ごとに前後のフレームから近いパターンを探してゆく．

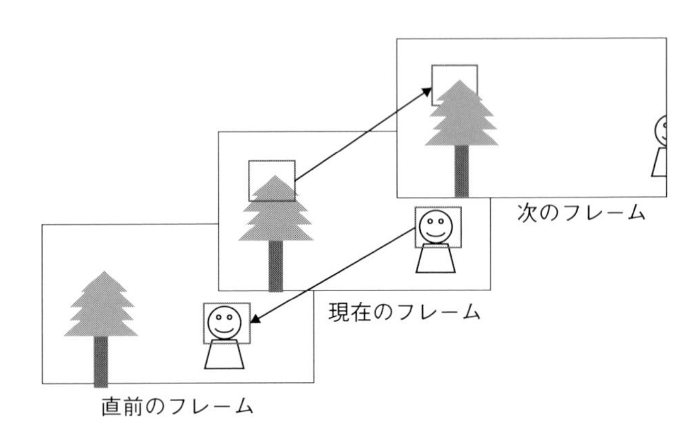

図 9.8　前後のフレームとのマッチングの例

MPEG 符号化では，以下のような種類のフレームがあり，それぞれ異なる方法で動き補償が行われる（あるいは，行われない）．

I フレーム：Intra Picture

・I フレーム

動き補償を行わないフレーム．JPEG 圧縮と同様，フレームそのものに対して DCT，量子化，可変長符号化の処理が行われる．I フレームでは，前後のフレームを使った圧縮は行わないので，圧縮率それほど高くならない（データ量が多い）．

P フレーム：Predictive Picture

・P フレーム

前述の「方法 2」のように，直後のフレームを使った動き補償を行う．ブロック・マッチング法などにより，着目フレームと似たパターンの領域を探して差分処理を行うため，I フレームに比べると圧縮率は高くなる．

B フレーム：Bidirectionally Predictive Picture

・B フレーム

前述の「方法 3」のように，前後のフレームを使った動き補償を行う．P フレームよりもさらに圧縮率が高くなる．

一般的な MPEG 圧縮の方法では，I，P，B それぞれのフレームの並び順は，おおよそ図 9.9 のようになる．最初のフレームは，直前に参照するフレームがないため，Ｉフレームが配置され，動き補償を行わない圧縮が行われる．Ｉフレームの後には数フレームおきにＰフレームが配置される．Ｐフレームは，直前のＩフレームまたはＰフレームを参照して，フレーム間差分処理を行う．ＩフレームやＰフレームの間には，Ｂフレームが置かれる．Ｂフレームは，一つ前と一つ後ろのＩフレームまたはＰフレームの２枚のフレームを参照して，動き補償を行う．

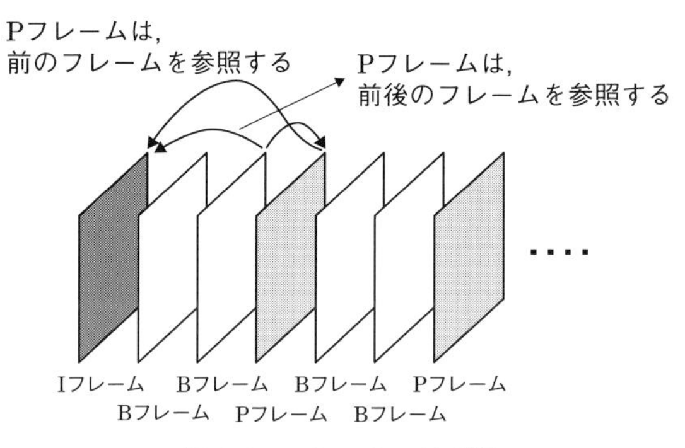

図 9.9　フレームの並び順

演習問題

問 1　動画像が静止画と大きく異なる特徴を述べよ．

問 2　問 1 の特徴によってどのようなことが可能になるか述べよ．

問 3　オプティカル・フローの抽出法として代表的な二つの方法をあげ，それぞれの長所と短所を述べよ．

問 4　オプティカル・フローの応用例を複数あげよ．

問 5　一般的な MPEG 符号化の流れについて述べよ．

問 6　MPEG 符号化において，動き補償を行うことにより，符号化後のデータ量を大きく減らすことができる．なぜそのようなことが可能になるか述べよ．

問 7　MPEG 符号化には，どのような種類のフレームがあるか．それぞれのフレームがどのようなものか述べよ．

第10章

3次元画像処理

我々が普段扱うデジタル画像は，2次元の画像で構成されている2次元座標系である．一方，我々の生活する空間は3次元空間であり，3次元座標系である．この3次元空間をカメラで撮影すると，3次元空間の情報が2次元平面上の情報に変換されて記録される．

本章では，3次元空間とカメラ画像（2次元画像）を対応させる方法を解説する．そして，撮影したカメラ画像から3次元情報を推定する方法を解説する．

10.1　ピンホールカメラモデル

ピンホールカメラモデルは3次元空間と2次元画像平面との幾何学的対応関係を最も単純に表現するモデルである．

図10.1は，ピンホールカメラのモデルを表した図である．小さな穴（ピンホール）の空いた板を置き，その背後にスクリーンSを配置する．ピンホールを通過した光は，そのまま真っ直ぐ進み，スクリーンSに到達する．あらゆる方向から来た光がスクリーンSに到達した結果として3D空間の像がスクリーンSに投影される．

また，ピンホールからスクリーンまでの長さを f とするとき，

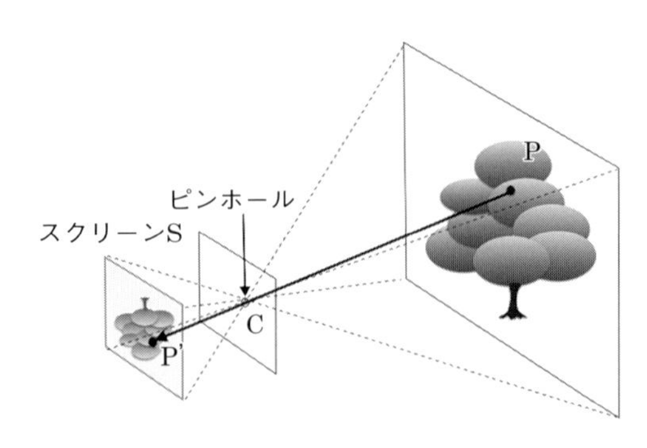

図 10.1　ピンホールカメラの原理

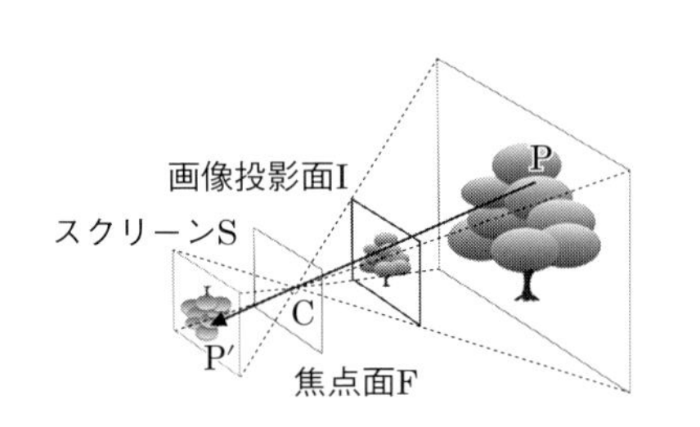

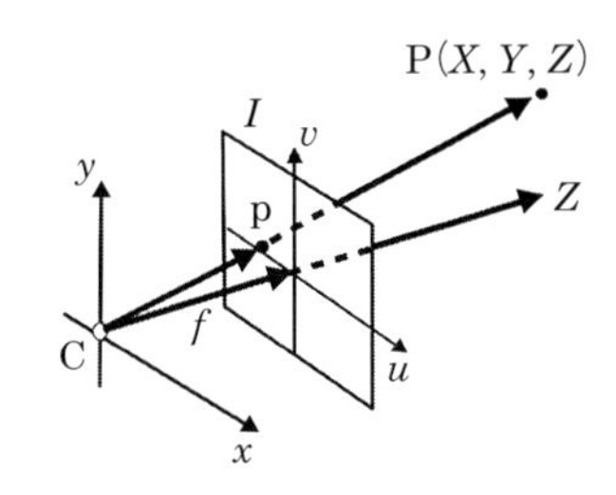

（a）　ピンホールカメラの疑似投影面　　（b）　ピンホールカメラモデルの座標系

図 10.2　ピンホールカメラモデルに基づく座標系

焦点距離 f のレンズをピンホールの所に配置するならば，レンズを透過した光は奥のスクリーン面に像を結像する．カメラがこの構成であり，撮像素子（フィルム）がこの位置に配置されている．ピンホールの面を焦点面 F，ピンホールの位置 C をレンズ中心，点 C を通る光線を光軸という．スクリーン S とピンホールとの距離 f を焦点距離と呼ぶ．

投影変換の画像の対応をわかりやすくするために，このピンホールを中心にスクリーン S を点対称の位置に移動し，画像投影面 I と呼ぶことにする．

図 10.2 の（b）に示すように，カメラの光学中心 C を原点におき，z 軸をカメラの光軸方向に一致させる．x，y 軸は画像の横と縦の方向に平行にとる．このとき，3 次元空間内の点 P(X, Y, Z) と仮想画像平面に投影される点 p(u, v) の間には，次式に示すような関係が

成り立つ.

$$u = f\frac{X}{Z} \qquad v = f\frac{Y}{Z} \tag{10・1}$$

10.2　ステレオ画像処理

1. ステレオ座標系

図 10.3 から，画像上の点 p(u, v)が与えられると，その点 p と光学中心 C を結ぶ直線が得られる．3 次元空間中の点 P の位置は，この直線上のどこかに位置することがわかる．しかし，1 枚の画像 I からでは P の位置を確定することができない．そこで，同じ点 P が映っている，もう 1 枚の画像 I′を用意する．このもう 1 枚の画像中の点 P の投影位置 p′(u', v')が特定できると，二つの光軸の交点が求める点 P の 3 次元位置となる．このように視点の異なる画像を利用して 3 次元情報を復元する方法をステレオ画像処理という．

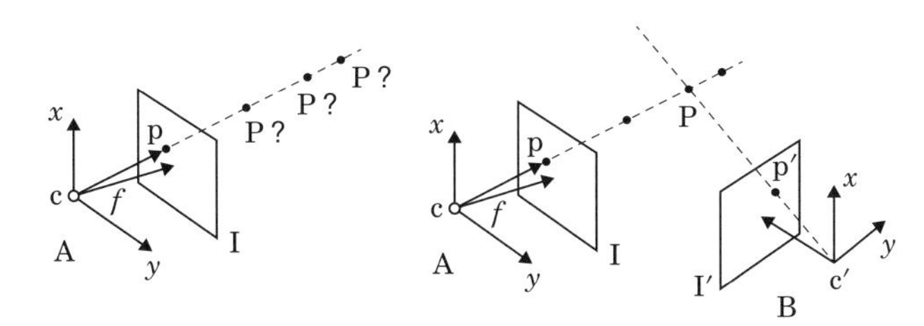

（a） 1 枚の画像の場合　　（b） 2 枚以上の画像を使った場合

図 10.3　画像に写っている物体の 3 次元位置の推定

2. エピポーラ幾何

3 次元空間の位置関係を説明するためにエピポーラ幾何を導入する．図 10.4 に示すように二つのカメラ A，B で 3 次元空間の同じ点 P を見ている状態を仮定する．このとき，カメラ A，B のレンズ中心 C，C′と，3 次元空間の点 P で△PC′C が構成できる．この△PC′C は一つの平面上に存在し，この平面をエピポーラ平面という．また，それぞれのカメラ A，B で撮影される画像を I, I′とする

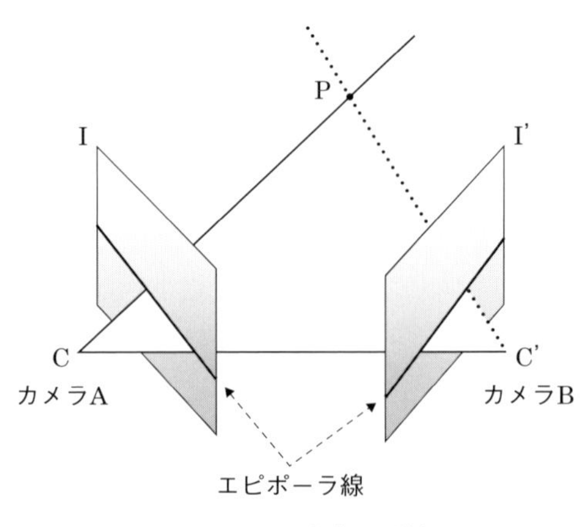

図10.4　エピポーラ幾何

とき，それぞれの画像とエピポーラ平面との交線をエピポーラ線と呼ぶ．

二つのカメラA，Bの幾何関係が既知の場合，一方の画像で1点が与えられれば，もう一方の画像において，対応点はエピポーラ線上に限られる．言い換えると，このエピポーラ線上のみを探索することで，対応点を見つけることができる．この幾何学的関係をステレオ画像処理に適用する．

3. 平行ステレオ法

ステレオ画像の処理を簡単にするために，一般に次のような仮定をおく．

1)　同じ焦点距離をもつ二つのカメラを用いる．
2)　2台のカメラの光軸は互いに並行であり，カメラ画像の水平方向の座標軸が同一直線上で同じ向きになるように配置する．

この仮定であれば，エピポーラ線は画像に水平な直線となる．すなわち，二つの画像の対応点は，水平座標が異なるのみとなる．次に，具体的な処理方法を解説する．

平行ステレオ法の場合，各座標の位置関係は図10.5に示したとおりである．図10.6は図10.5の座標系を真上から見た図である．三角形の相似形の条件から3次元空間の点 $P(X, Y, Z)$ は次式で表される．

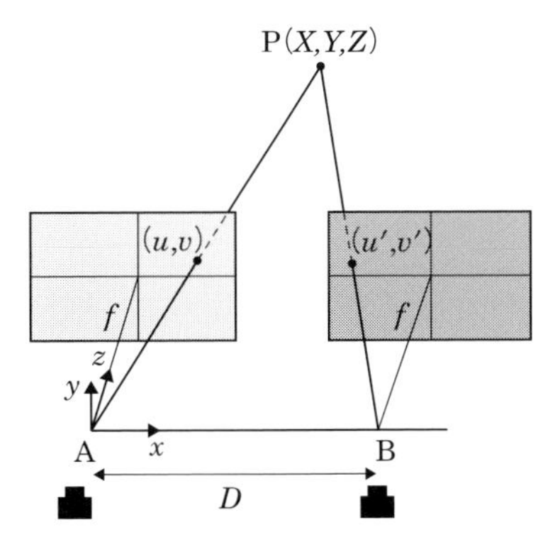

図 10.5　平行ステレオカメラの座標系

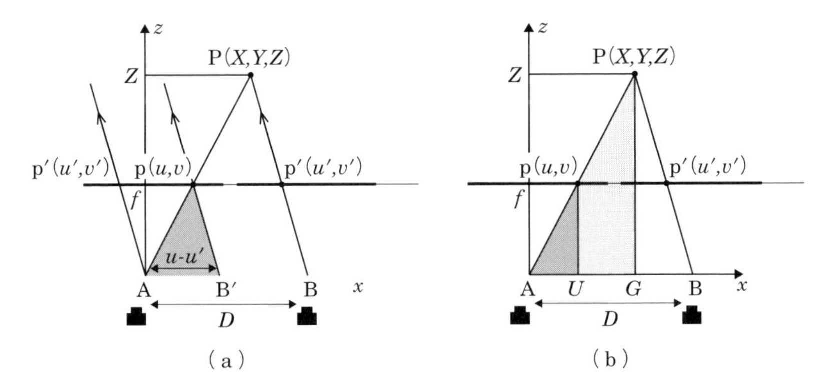

図 10.6　x-y 平面における対象物の 3 次元座標とカメラ配置および画像内の対応点との関係

図 10.6 (a) において，△AB′p と△ABP が相似形であることから

$$\frac{Z}{f}=\frac{D}{u-u'} \tag{10・2}$$

が成り立つ．また，(b) において，△AUp と△AGP が相似形であることから

$$\frac{X}{u}=\frac{Z}{f}=\frac{D}{u-u'} \tag{10・3}$$

が成り立つ．ここで，u，u' はカメラ画像 I，I′の座標であり，D は 2 台のカメラの設置距離，f はカメラの焦点距離であり，すべて既知の情報である．つまり，2 枚の画像を用いて 3 次元位置(X, Y, Z)

が(10・4)式により求められる．ここで$u-u'$は，二つのカメラで同じ対象物を見たときの位置のズレを表し，$u-u'$の値を視差と呼ぶ．

$$\begin{pmatrix} X \\ Y \\ Z \end{pmatrix} = \begin{pmatrix} \dfrac{uD}{u-u'} \\ \dfrac{vD}{u-u'} \\ \dfrac{fD}{u-u'} \end{pmatrix} \qquad (10 \cdot 4)$$

10.3　ステレオ対応点探索

2枚の画像の対応がわかれば3次元座標を推定できることは前節で述べた．本節では，対応点の探索方法について具体的に説明する．

2枚の画像に，3次元空間の同じ点Pが撮影されているかどうかを判断するため，2枚の画像の中で対応する点を見つけなければならない．そこで，画像の局所的パターンを比較することで対応点の探索を行う．

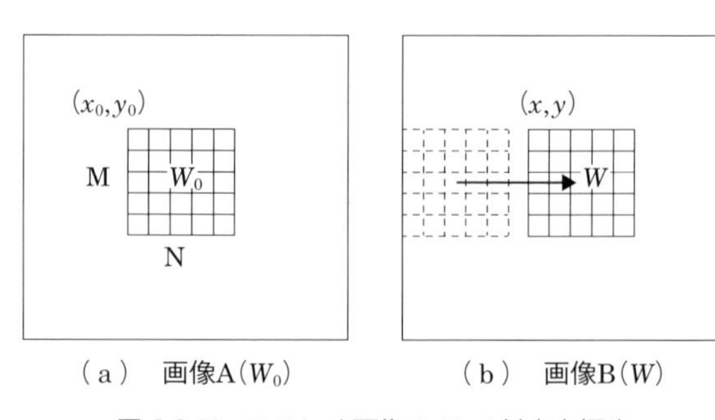

図10.7　ステレオ画像A/Bの対応点探索

左の画像の一つの点を中心にウィンドウ W_0（例えば，5×5のウィンドウサイズ）を設定し，右画像のエピポーラ線上の各点を中心とするウィンドウ W（W_0と同じサイズのウィンドウ）を横にずらしながら W_0との相関（類似度）を調べていく．このときの類似度が最も高い点（差の最も低い点）を対応点とする．ここで，類似度の評価の一つとして二つのウィンドウの画素値の差の絶対値を使う．

n 行 m 列の画素の輝度値を W^{nm} とするとき

$$\sum_{n=0}^{N-1}\sum_{m=0}^{M-1}|W_0{}^{nm}-W^{nm}| \qquad (10\cdot 5)$$

この場合，式(10・5)の最小値となる W のウィンドウの場所が W_0 の対応点と判断される．類似度としては，他に二乗和，正規相関関数などがあり，対象とする画像によって最適な類似度を定義すればよい．

例えば，図 10.8 のような 2 枚のステレオ画像があるとき，(a) の白丸の領域：中心座標(x_0, y_0)に対応する位置を，(b) の画像から探す場合，エピポーラ線上に対応点が存在するという仮定が成り立つため，y 座標は (a) と同じ，y_0 の位置のみを探索すればよい．

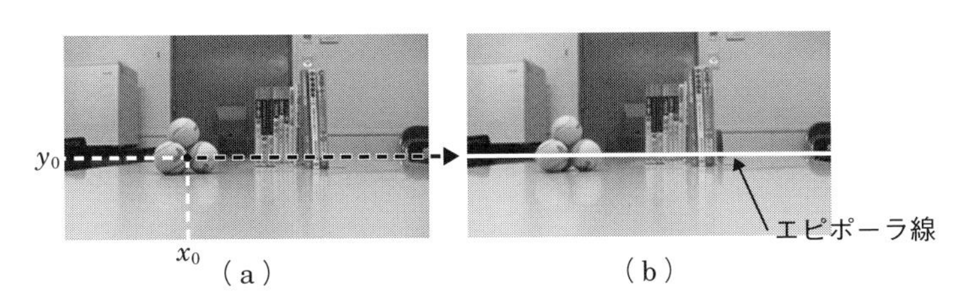

図 10.8　ステレオ画像の対応点検出結果

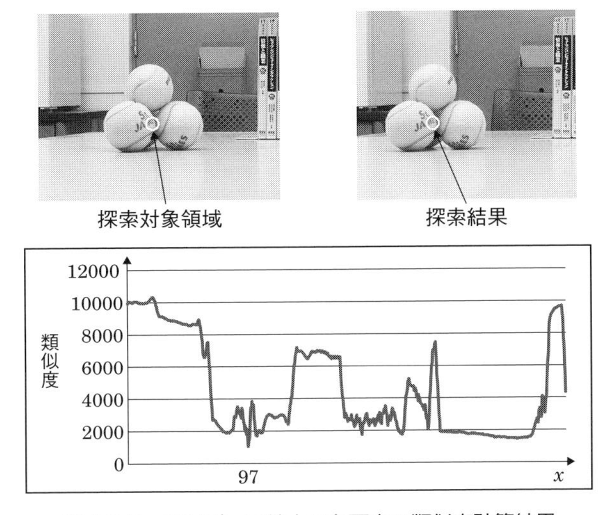

図 10.9　エピポーラ線上の各画素の類似度計算結果

●サンプルプログラム 10.1

```
/***ステレオ画像の対応点探索プログラム***/
#include <iostream>
#include <opencv2/opencv.hpp>

//画像ファイル名
#define left_FILENAME "Users/foobar/Pictures/stereoL.jpg"
#define right_FILENAME "Users/foobar/Pictures/stereoR.jpg"

int main(int argc, const char ** argv)
{
      //探索位置座標　例えば(300, 300)を設定
      int x0=300, y0=300;

      //探索ウィンドウ（サイズ 縦9画素, 横9画素）を設定する
      int win_size=9,win_half=win_size/2;
      int similarity[900];

      //画像変数の定義
      cv::Mat left_img, right_img;

      //2枚の画像を読み込む
      left_img = cv::imread(left_FILENAME, cv::IMREAD_GRAYSCALE );
      if( left_img.empty()){ //画像ファイル読み込み失敗
            printf("Cannot read image file: %s¥n", left_FILENAME);
            return (-1);
      }
      right_img = cv::imread(right_FILENAME, cv::IMREAD_GRAYSCALE );
      if( right_img.empty()){ //画像ファイル読み込み失敗
            printf("Cannot read image file: %s¥n", right_FILENAME);
            return (-1);
      }


      //エピポーラライン（y座標=y0）に沿って探索ウィンドウを移動させる
      for(int x=win_half;x<right_img.cols-win_half;x++){
            int diff=0;
            int sum=0;
            for(int sy=0;sy<win_size;sy++){
                  for(int sx=0;sx<win_size;sx++){
                        //テンプレートと探索ウィンドウの画素値の類似度を算出する
                        int intensity = right_img.at<uchar>(sy+y0-win_half,sx+x-
win_half);
                        diff += std::fabs(left_img.at<uchar>(sy+y0-win_half,sx+x0-
win_half)-intensity);
                        sum += left_img.at<uchar>(sy+y0-win_half,sx+x-win_half);
                  }
            }
            //類似度の配列Similarityに記録する
            similarity[x]=diff;
      }
      //配列Similarityに記録された類似度の最小値を探す
      int minimum=similarity[win_half];
      int min_num=win_half;
      for(int x=win_half;x<left_img.cols-win_half;x++){
            if(minimum > similarity[x]) {
                  minimum = similarity[x];
                  min_num=x;
            }
      }
```

```
    // 検出された最小値min_mumが2つの画像の対応点の座標となる（対応点に白丸を描画する）
    cv::circle(left_img, cv::Point(x0, y0),10, cv::Scalar(255,255,255),2);
    cv::circle(right_img, cv::Point(min_num, y0),10, cv::Scalar(255,255,255),2);
    cv::imshow("Left",left_img);
    cv::imshow("Right",right_img);
    cv::imwrite("LeftResult.png",left_img);
    cv::imwrite("RightResult.png",right_img);

    cv::waitKey(0);
    return (0);
}
```

x 座標を順次移動しながら，式(10・5)を計算した結果を図 10.9 に示す．$x=97$ の位置が最も低い値を示している．すなわち，二つの領域が最も類似していると判断することができる．この $x=97$ に対応する領域は図 10.8（b）において，白丸で示した場所であり，左右の最適な対応点が求められていることが確認できる．

2 枚の画像における対応点探索サンプルプログラムをサンプルプ

Column　OpenCV 関数による視差画像生成

OpenCV には，視差画像を求める関数が定義されている．代表的な関数がブロックマッチングで対応点を探索する StereoBM 関数である．図 10.10 は，この関数を使って，図 10.8 で示した 2 枚のステレオ画像から，画像全体の視差情報を算出した結果である．画像の白い部分は視差が大きく，黒い部分が視差の小さな領域である．つまり，画像の白い部分（即ち，テニスボール及び書籍の部分）は撮影位置に近く，黒い部分は撮影位置に遠い情報が得られていることがわかる．そして，2 台のカメラの対応関係から実際の距離画像をもとめることができる．

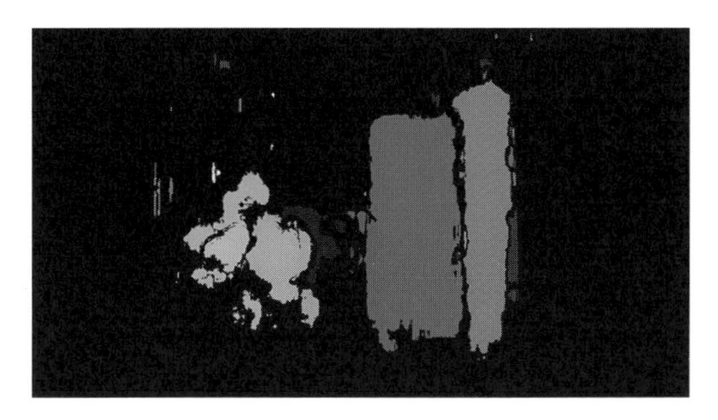

図 10.10　対応点探索に基づき，各画素の視差を求めた結果

Column 世界座標とカメラ座標系

本章では，撮影する対象物に対してカメラの撮影位置・カメラの向きは既知として扱っている．しかし，実際は，撮影対象に対してカメラがどの方向から撮影するかが未知の場合も多い．また，レンズ歪みなどのカメラの射影特性なども考慮する必要がある．そのため，通常は，画像処理を行う前に，撮影系に対してカメラの位置姿勢や特性を推定するカメラキャリブレーションという処理が必要である．

このカメラキャリブレーションでは，形状や大きさの分かっている物体を撮影し，利用するカメラモデルに最も矛盾のないパラメータの組を求める処理を行う．

OpeCV では，キャリブレーションを行うための関数がいくつか用意されている．

2 台のカメラパラメータを推定すると同時に，カメラのパラメータを推定する stereoCalibrate 関数，チェッカー模様を撮影し，各チェッカーパターンのコーナー（角）を求める findChessboardCorners 関数，カメラのレンズ歪みを補正する undistort 関数などがある．

ログラム 10.1 に示す．

このサンプルプログラム 10.1 は，単純に類似度に基づいて対応点を求めている．しかし実際の画像の場合，複数の候補の点が対応することがある．これら場合を回避する方法として，ウィンドウサイズを変えて比較する，あるいは，色情報を加えて対応を考えるなどが考えられる．対応点が求められれば，式(10・4)から，3 次元位置を算出することが可能である．

演習問題

問 1　平行ステレオ法を用いない場合，何が問題になるか答えよ．

問 2　探索ウィンドウのサイズが変わることで視差画像がどのように変わるかを確認せよ．

問 3　式(10・4)として二乗和を使って対応点探索を行え．

問 4　視差画像にはノイズが多い．その原因を考察せよ．

第11章

画像処理の具体的応用

ここまでの章で，画像処理の基本的な枠組みを紹介してきた．第１章でも述べたように，画像処理は非常に多岐に渡る分野で利用されている．現在，SNSや動画共有サイトなどの普及に伴い，膨大な量の画像（映像）がインターネット上に公開されている．近年，話題になっている人工知能は，これらの膨大な画像を解析することで，認識・理解の能力を飛躍的に向上させている．また，スマートフォンの普及に伴い，カメラ画像の編集・加工は誰でも手軽に行うことができる身近な技術になっている．

しかしながら，画像処理技術は，目的により様々な処理の組み合わせを考えなければならないのが実情である．つまり，画像処理の手順・組み合わせに，定番と言えるようなものはほとんど存在しない．そこで，本章ではこれまで学習してきた内容を実際にどのように利用しているのかを，いくつかの応用事例に基づいて，画像処理の具体的な処理ステップを解説する．

11.1　画像処理の流れ

カメラ画像から，目的の対象物を認識するためには，次の三つの大きなステップに分けられる．まず，入力されたカメラ画像から認識対象を見つけやすいように画像を加工（補正）する第一のステップ（このステップは，前処理と呼ばれることが多い），次に画像処理の目的に合わせた特徴量抽出の第二のステップ，そして，目的の対象物を認識する第三のステップである．

第一のステップでは，画像の輝度階調やコントラストの補正，ノイズ除去やエッジ検出などのフィルタ処理，二値化処理などが，対象画像全体に処理が施される．

第二のステップでは，ハフ変換による直線検出や，領域抽出，対象領域の幾何補正処理などにより，特定対象物が映っている位置・領域などを画像から特定する処理が施される．

第三のステップでは，目的とする対象物の特徴量と，検出された特徴量との比較や，複数の画像同士の比較により，特定の対象物であるかどうかの認識処理が行われる．

次節以降では，これらのステップとして具体的な事例を用いて解説する．11.2 節では，静止画像を対象とした画像処理の例を紹介し，11.3 節では，動物体を対象とした動画像処理の具体的な例を紹介する．

11.2　静止画像検索

2.1 節で述べたような入出力機器が増えるとともに，生み出されるデジタル画像の量は膨大になっている．個人の PC やスマートフォンに多くの写真が格納されていることが普通になり，インターネット上の画像共有サービスには多くの利用者からの画像が蓄積され続けている．このような大量の画像群から閲覧・利用したい画像を見つけるためには，画像検索の機能が必要である．本節では，静止画像検索の概要と，利用される画像処理について解説する．

画像検索：image search/retrieval

はじめに，利用者から見た画像検索の流れを図 11.1 に示す．利用者は検索したい画像に関する問い合わせを行う．画像検索機能はその問い合わせに基づいて画像が蓄積されているデータベース（画像 DB）から対象画像を選出し，利用者に提示する．利用者は提示された画像を閲覧して，該当する画像があればそれを利用し，なけ

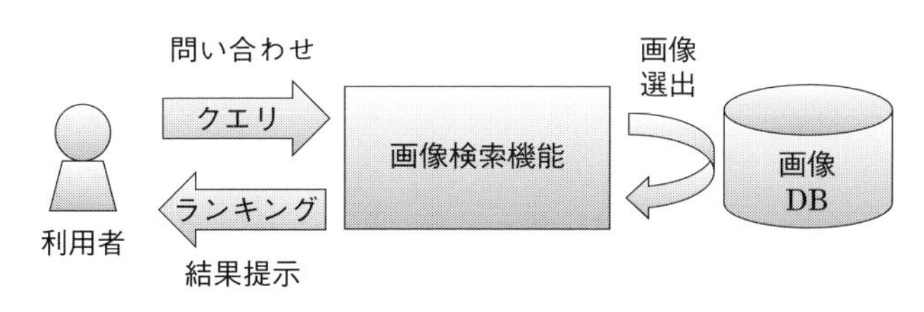

図 11.1　利用者から見た画像検索の流れ

れば問い合わせをやり直す．利用者からの問い合わせのこと，もしくは問い合わせで用いる質問や手がかりのことを，クエリと呼ぶ．クエリに対する検索結果は，クエリの適合性（満たされている度合い）に応じて順位づけされて提示されることが多い．この順位づけのことをランキングと呼ぶ．検索機能はクエリに応じて DB 内の情報をランキングする仕組みであり，画像検索においても同様である．

クエリ：query

ランキング：ranking

文書検索であれば，クエリとして単語（キーワード）を用い，文書内のキーワード出現頻度などを用いてランキングを決定すればよい．一方画像検索では，利用者が用いたキーワードに対し，画像から適切なキーワードを推測することは容易ではない*1．そこで多くのインターネット検索サービスでは，画像を引用している文書内の周辺文章（アラウンドテキストと呼ばれる）や，画像撮影時の時刻・地理情報，利用者が画像に付与したタグと呼ばれるキーワードを用いている．しかし，これらの情報は必ずしも画像の内容を表しているとは限らない．そこで，画像内容を表す情報を画像自身から取り出し，その情報を用いて検索する方法が考え出された．この検索方法を，内容に基づく画像検索*2 と呼ぶ．

*1 画像からキーワードを推測する最新研究も日々進んでいる．詳しくは，巻末の参考図書を参考にされたい．

*2 内容に基づく画像検索（CBIR：content-based image retrieval）

内容に基づく画像検索のための処理構成例を図 11.2 に示す．はじめに，キーワードの代わりにどのような情報をランキングに用いるかを決めることが重要である．検索対象から算出される索引用情報のことをインデックスと呼ぶが，画像検索の場合には第 7 章で解説した特徴抽出処理などを用いて，インデックスとしての特徴量を抽出することができる．次に，利用者がどのようにクエリを入力するかを決める必要がある．クエリからインデックスと同じ種類の特徴量を算出しなければ，その後の処理でランキングを決定できないからである．例えば，インデックスで用いられている数値情報を直

インデックス：index

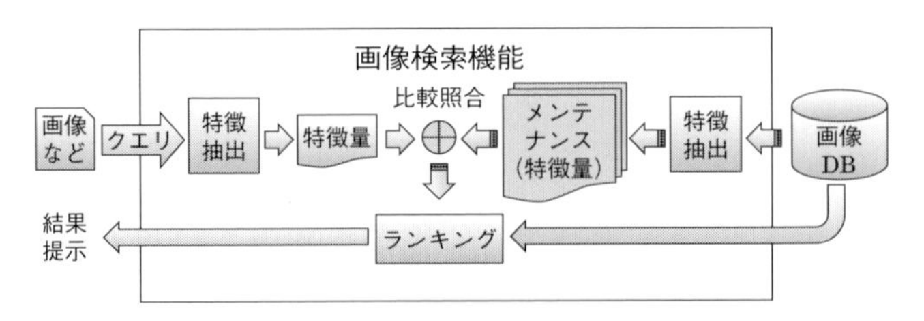

図 11.2　内容に基づく画像検索の処理構成

接入力する方法や，利用者が画像を描画する方法（スケッチ画像による検索），似た画像を入力する方法（例示画像による検索）などが考えられている．クエリとして画像が入力される場合には，インデックス作成時と同様の方法で特徴量を抽出することができる．最後に，クエリから得られた特徴量とインデックスを比較照合し，その照合結果から適合性に応じてランキングする処理が必要である．この比較照合およびランキング処理は，11.1 節で解説された第三ステップの画像認識処理に相当する．

画像検索における特徴量・特徴抽出手法および比較照合・ランキング処理手法は，検索対象となる画像の性質や検索結果の適合性（つまり画像間の類似性）をどのように考えるかによって，さまざまな手法を検討することができる．例えば画像内の物体がもっている図形的な形状の類似性に基づいて検索したいのであれば，特徴抽出は 7.2 節で解説した図形要素抽出手法を用い，比較照合は図形パラメータの類似性を用いることができる．また，画像の色合いに基づいて検索したいのであれば，特徴抽出は第 2 章で解説した色情報のヒストグラムを用い，比較照合はヒストグラム間の類似性を用いることができる．ここでは比較的単純な実装例として，スケッチ画像による国旗画像検索の例を示す．図 11.3 左は，スケッチインタフェースによりガーナ共和国の国旗を描いた例であり，この画像がクエリとなる．図 11.3 右はその画像から特徴抽出処理を行った結果である．ここでは画像領域を 4×3 に区切り，各領域内の平均 RGB 値を算出することで特徴量としている（36 次元ベクトルとなる）．各国旗画像に対しても同様の特徴抽出を行う．比較照合・ランキング処理では，クエリ画像および各国旗画像の特徴量ベクトル間の距離を求め，距離の小さい順に順位づけを行う．図 11.4 は図

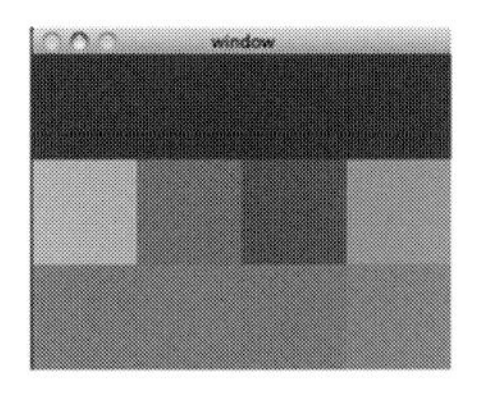

図 11.3　スケッチ画像と特徴量の例

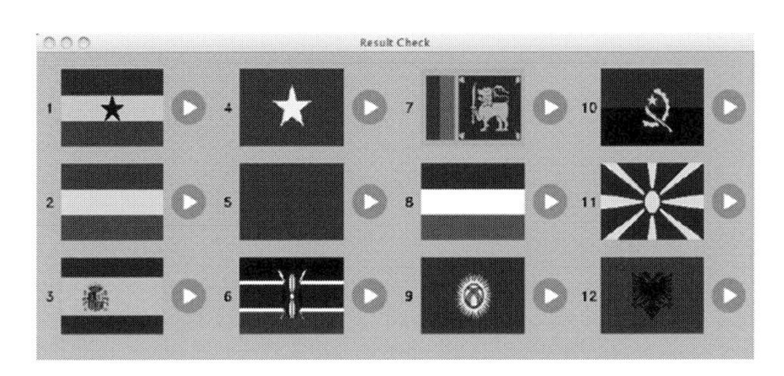

図 11.4　スケッチ画像による検索結果の例

11.3 のクエリに対する検索結果である．1 位（左上）に該当する国旗が表示されているが，他の順位にも類似した検索結果が表示されている．

適合率：precision

再現率：recall

F 値：F measure

平均精度：MAP：Mean Average Precision

＊特徴抽出手法や比較照合・ランキング手法に関する最新研究も進展著しい分野である．巻末の参考図書を参考にされたい．

画像検索性能を上げるためには，11.1 節で述べた各画像処理における組み合わせの工夫や，パラメータチューニングなどが必要となる．また，検索に適した特徴量や比較照合手法の利用も重要である．7.3 節で解説した局所特徴は画像の幾何変形に対する不変性をもった特徴量であり，画像検索に有効である．検索性能評価には適合率，再現率，F 値，平均精度などの指標が存在しており，これらの指標に基づいた比較照合・ランキング手法の改良も多く行われている＊．

11.3　動物体検出・追跡

物体認識において画像処理の基本的な技術は以下の流れで実施される．11.1 節で述べた第一の代表的な処理として，二値化処理を行い，第二の処理として画像特徴を推定し，そして第三のステップとして物体の認識処理を行う．

図 11.5　画像処理の基本的な流れ

まず，カメラから映像を入力する．次に何らかの方法により，二値化をする．この二値化をするためには，第 2，3，4，5（前半）章であげた画像の空間を変えて限定していく方法や，ノイズ除去，エッジ検出などを行い，二値という単純な問題に帰着させる．そして第 5（後半），6，7，8 章で紹介したように画像の特徴を推定し，物体を認識する．ここで第 9，10 章で紹介した技術を利用して，映像としての処理，カメラの動き推定，3 次元物体認識というように応用される．

1．輝度ヒストグラムを利用した物体追跡

本節では第 2 章で示した輝度ヒストグラムを応用した動物体認識方法について紹介する．第 2 章では輝度ヒストグラムを用いて画像全体の輝度値の分布を統計的に表した．ヒストグラムの利用方法の応用として，縦方向・横方向の輝度特徴を用いて，映像としての変化を捉えることができる．例えば二値画像において図 11.6 のよう

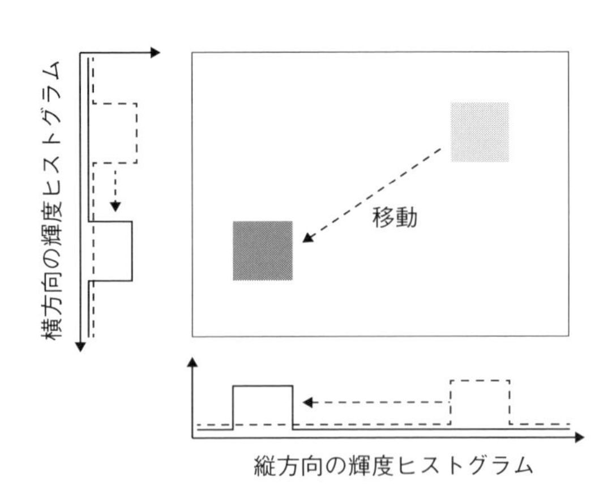

図 11.6　物体移動とヒストグラムの変化*

＊輝度ヒストグラムは白色領域で加算されるが，図の都合上白黒反転させている．

に矩形が移動した場合を考える．輝度ヒストグラムでは，階調を軸にして度数を計測していたが，今回は縦方向，横方向に度数を積み上げる．この場合，2次元画像の物体が，1次元のグラフに射影される．すなわち，横方向・縦方向のヒストグラムに物体の影が示される．この影の動きを調べることで，物体の動きを追跡する．

この追跡アルゴリズムでは，2枚の画像からなるヒストグラムを利用する．説明を簡単にするために横方向のみのヒストグラムについて議論する．図11.6のような，背景と矩形のみでノイズが存在しない人工画像の場合，対象物体の位置（例えば2次元平面における矩形の左上，横方向なら左）を見つけ出して対応づけることで移動方向を得る．二つのヒストグラムを計算し，矩形の左側の位置を求め，差を算出するサンプルプログラムを以下に示す．

●サンプルプログラム 11.1

```
#include <iostream>
#include <opencv2/opencv.hpp>
#define IMG1 "objectmove1.png"
#define IMG2 "objectmove2.png"
//ヒストグラムの初期化
void initHistgram (int *hist, int size) {
    int x;
    for (x=0; x<size; x++) {
        hist[x] = 0;
    }
}
//ヒストグラム計算（縦方向）
void createHistgramCols (cv::Mat src_img, int *hist) {
    int x, y;
    unsigned char v; //値
    //画像の走査
    for (y=0; y<src_img.rows; y++) {
        for (x=0; x<src_img.cols; x++) {
            v = src_img.at<unsigned char>(y, x);
            if (v==0) { //物体（黒）が存在するとき
                hist[x]++; //度数の加算
            }
        }
    }
}
//物体の位置（開始位置）
int calcPoistionHorizontal (int *hist, int size) {
    int x;
    for (x=0; x<size; x++) {
        if (hist[x] > 0) {
            break;
        }
```

```
    }
    printf ("x = %d\n", x);
    return (x);
}

int main(int argc, const char * argv[]) {
    //画像の入力（グレースケール）
    cv::Mat src_img1 = cv::imread(IMG1, 0);
    cv::Mat src_img2 = cv::imread(IMG2, 0);
    //二値画像のメモリ確保
    cv::Mat bin_img1, bin_img2;
    //画像が入力できているか確認
    if (src_img1.empty() && src_img2.empty()) { //入力失敗の場合
      fprintf(stderr, "File is not opened.\n");
      return (-1);
    }
    //二値化
   cv::threshold(src_img1, bin_img1, 0, 255, cv::THRESH_BINARY
| cv::THRESH_OTSU);
   cv::threshold(src_img2, bin_img2, 0, 255, cv::THRESH_BINARY
| cv::THRESH_OTSU);

    //ヒストグラムの生成（横方向のみ）
    int hist1[src_img1.cols], hist2[src_img2.cols];
    initHistgram(hist1, src_img1.cols); //ヒストグラムの初期化
    initHistgram(hist2, src_img2.cols); //ヒストグラムの初期化

    createHistgramCols(bin_img1, hist1); //ヒストグラムの計算
    createHistgramCols(bin_img2, hist2); //ヒストグラムの計算

    printf(" 移動距離=%d\n", calcPoistionHorizontal(hist1, src_img1.
cols)-calcPoistionHorizontal(hist2, src_img2.cols));

    return 0;
}
```

上記では理想状態である入力画像を人工的に生成して利用していることを想定している．しかし一般的に用いられる風景などの自然画像の場合，無条件で位置（上記では左端）を求めることは難しい．自然画像の場合は二つのヒストグラムを比較しながら移動前後の位置を求める．移動前・後のヒストグラムを計算し，それぞれのヒストグラムをずらして比較する．二つのヒストグラムの差分を求め，その差分の絶対値の総和を算出する．その総和が最小となる位置が追跡対象の移動した場所となる．ヒストグラムを比較する場合，計算に利用する画素数が異なるため，平均を用いて，1 画素あたりの差分値を利用するとよい．

本節では縦方向・横方向のヒストグラムを利用した，物体の追跡について紹介した．この方法はヒストグラムから移動量を計算していることから，逆の発想として，物体が静止しており，カメラが移動する画像にも応用できる．読者にはぜひ積極的に実装してほしい．

2．監視カメラによる動体検知

ここでは，第9章の動画像処理の具体的な事例として，監視カメラによる動体検知について紹介する．動体検知とは，映像の中から動く物体を検知するための手法である．

近年では，街のいたる所に防犯カメラが設置され，侵入者や不審者の監視にあたっている．また，比較的安価な監視カメラを個人で購入し，自宅などに設置することも可能になっている．このような防犯カメラの多くが，最近では動体検知機能をもっていることが多い．

動体検知には，以下のような方法がある．

(a) 背景差分法

背景差分法は，図11.2のように，背景画像をあらかじめ用意しておき，用意された背景画像と検知対象画像を比較して，動体を認識する手法である．画像中の座標(x, y)における背景画像の画素値を$I_b(x, y)$，検知対象画像の画素値を$I_c(x, y)$とすると，差分画像の画素値$I_{db}(x, y)$は

$$I_{db}(x, y) = |I_b(x, y) - I_c(x, y)| \qquad (11 \cdot 1)$$

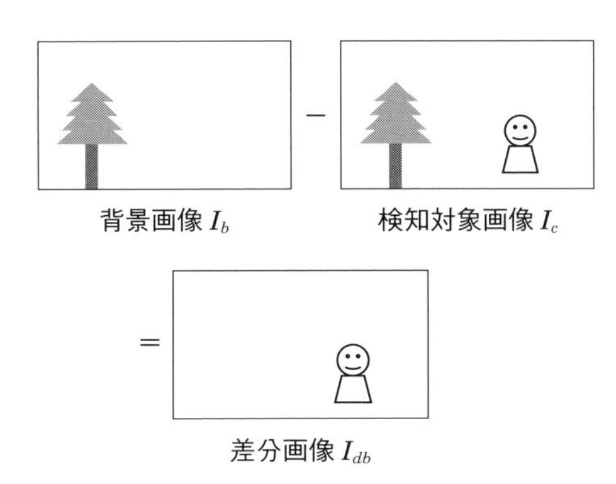

図11.7　背景差分法の例

となる．

Th を背景差分法のしきい値とするとき，$I_{db}(x, y) \geq Th$ となる画素が，動体領域の画素となる．

背景差分法では，背景画像をあらかじめ取得しておく必要がある．背景画像を取得する方法としては，背景のみの画像を予め撮影する，過去の複数のフレームの中から，背景部分のみを抽出した画像を用意するなどの手法がある（例えば，ある位置の画素値が同じ値であり続ける場合，それは背景と見なすことができる）．背景差分法は，背景画像が正確であれば高い精度で動体を認識することが可能だが，反面，照度の変化など環境の変化に弱いという欠点をもつ．

(b) フレーム間差分法

フレーム間差分法は，図 11.8 ように，時間的に近い 2 枚のフレームの，同じ位置同士での差分を求め，差分が閾値を上回った場合に動体と認識する単純な手法である．画像中の座標 (x, y) におけるフレーム I_1（直前のフレーム）の画素値を $I_1(x, y)$，フレーム I_2（検知対象画像の画素値）を $I_2(x, y)$ とすると，差分画像の画素値 $I_{df}(x, y)$ は

$$I_{df}(x, y) = |I_1(x, y) - I_2(x, y)| \tag{11・2}$$

となり，$I_{df}(x, y) \geq Th$ となる画素が，動体領域の画素となる．ここで，Th は，フレーム間差分法の閾値である．背景差分法と似たような処理を行っているが，フレーム間差分法は連続する 2 枚のフ

図 11.8　フレーム間差分法の例

レームを利用するという違いがある．

フレーム間差分法は，アルゴリズムが単純で，実装が容易である反面，対象物が静止した場合，認識することができないなどの欠点がある．ただし，例えば防犯カメラの動体検知機能のように，さしあたりフレーム内に動くものが入ってきたか否かを判断するだけであれば，フレーム間差分法でも十分に判定が可能なので，既成製品に広く用いられている．

フレーム間差分法では，比較的単純なアルゴリズムで動体を認識することができる．しかしながら，フレーム間差分法により抽出された動体領域の候補は，多くのノイズが含まれる．そのため，フレーム間差分を実施した後の画像に対してノイズ除去処理を行う必要がある．ノイズを除去するためのフィルタとしては，メディアンフィルタが有効である．メディアンフィルタの詳細は，3.3 節で述べている．

すなわち，フレーム間差分法に基づく監視カメラの動体検知法は，以下のようになる．なお，この方法では，カメラの位置が固定されていることが前提となる．

i．式(11・2)の方法により，差分画像の画素値 $I_{db}(x, y)$ を求める．

ii．差分画像 I_{db} に対して，3.3 節の方法を用いてメディアンフィルタを施す．

iii．メディアンフィルタを施した後の画像に対して閾値による判別を行い，閾値以上の値をもつ領域を動体領域と判別する．

一般的な動画像に関しては，上記（i）～（iii）の手順に従うことで動体領域を検出することが可能である．しかしながら，極端にノイズの強い動画像に対しては，上記の方法が有効ではない場合がある．一例として，夜間などの極端に暗い場所で撮影された動画の場合，(暗視機能の有無に関わらず）明るさの補正によってノイズが強調されるため，メディアンフィルタでは十分にノイズが除去されない場合がある．このような状況では，メディアンフィルタに代わり，3.2 節のような平均化フィルタを用いる方法が有効である．ただし平均化フィルタは，メディアンフィルタと比べてノイズ除去の効果が強い代わりに本来なら残す必要のある動体領域に関する情報を消去してしまう効果もあるので，使用には注意が必要である．

(c) その他

動体を認識するだけでなく，動体とノイズを弁別したい場合や動体の性質を踏まえた正確な検知を行いたい場合は，上記に加えてさまざまな方法を組み合わせる場合がある．代表的なものとしては，以下のようなものがある．

・画像の色情報に着目し，特定の色の領域のみを動体として扱う手法や同じ色の物体を追跡する手法．

・特徴量を用いる方法．HOG や Haar-Like などの特徴量を用いて，特定の性質をもった対象物を認識する．画像のオプティカル・フローは，画像中の物体の動きを示すベクトルであることから，オプティカル・フローを検索して動体を識別する方法も知られている．

表 11.1　動画像中の動きの分類

動きの分類	動きベクトルの分布	動きの時間変化	マッチング誤差
侵入者などの移動物体	一様	小さい	小さい
植物や旗などの揺れ	一様	ランダムに移動	大きい
水面の揺らぎ	不均一	ランダムに移動	大きい
照明の明るさの変化	動きなし	動きなし	大きい
変化なし	動きなし	動きなし	小さい

3. 動き情報を用いた動体の識別

前節の方法で動体領域を抽出した後に，第9章で述べたようなオプティカル・フローを用いることによって，動画像中の物体の動きを識別することが可能である．監視カメラが捉えた侵入者が，フレームの中である程度の大きさをもつ場合，動画像中のオプティカル・フローは以下のような性質をもつ場合が多い．

- 近隣のフロー同士は，互いに一様なベクトルとなる．すなわち，動きベクトルの分布が一様になる．
- コンマ数秒程度の短い時間における動きの時間的変化はごく小さなものにとどまる．
- ブロックマッチング法によるマッチング誤差を求めた場合，求められた誤差は小さな値をもつ．

これに対して，例えば水面の揺らぎをカメラが捉えた場合，近隣のフロー同士のベクトルの方向と大きさは不均一となる．また，照明の明るさが変化した場合は，ブロックマッチング法による誤差が大きな値をもつなどの性質がある．このような性質の違いを利用すると，検出された動体が，侵入者か否かを判別することができる．動画像中の動きの分類を表11.1に示す．実際に分類を行う場合には，表に従った分類ができそうな手法を多数組み合わせて，侵入者か否かを判断する．

最近では，精度よく識別できる分類器を自動的に発見するアルゴリズム（Boostingなどと呼ばれている）が考えられており，精度の良い分類器を組み合わせて侵入者か否かを識別する方法が主流となっている．

演習問題略解

第１章　視覚と画像

問１　（ヒント）1.2 節の具体例をあげてみよう．

第２章　デジタル画像

問１　Web サイト上の図や写真，SNS 写真共有サービス，監視カメラなどの安全管理，レントゲン写真などの医療分野，工場での欠陥部品検知，衛星からの気象画像，など．

問２　BMP 形式は非圧縮で，いわゆる RAW ファイル（生の形式）として用いられる．そのまま品質を損なわずに編集加工を行うことができる．しかし編集加工時には TIFF 形式を用いることが多い．GIF 形式はファイルサイズが小さいので，Web サイトにおけるアイコンなど色数の少ない画像表示に用いられることが多い．また，アニメーション画像としてよく用いられる．JPEG 形式はデジタルカメラ画像の保存形式として普及している．PNG 形式は可逆圧縮形式であるため，ネット上の画像流通に用いられることが多い．

問３

・例

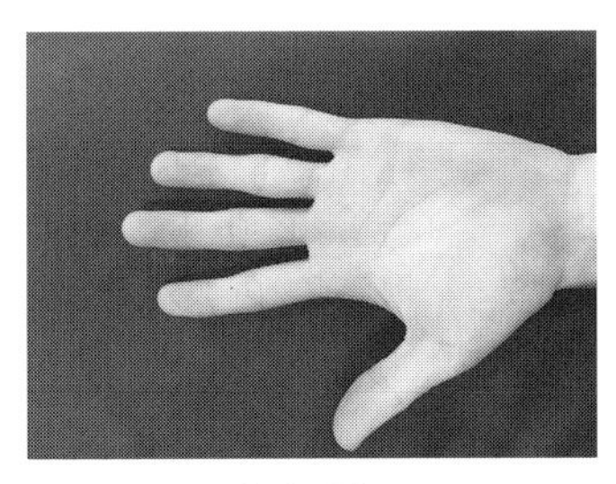

入力画像

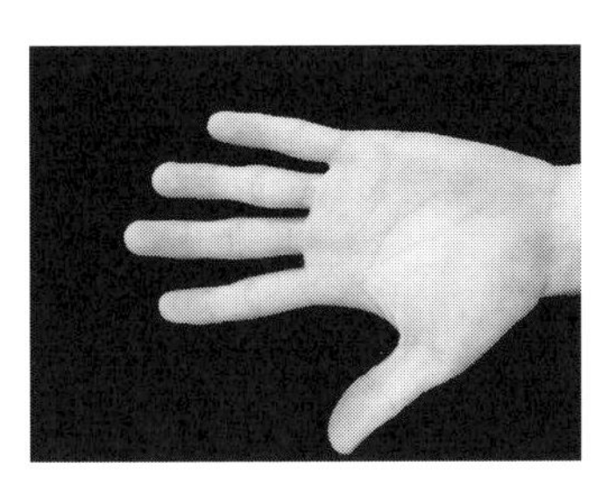

出力画像

プログラムの例

```
#include <iostream>
#include <opencv2/opencv.hpp>
#define HUE_MIN (0)
#define HUE_MAX (30)

#define FILE_NAME "hand.jpg"

int main(int argc, const char * argv[]) {
    //変数の宣言
    int x, y; //走査用
    cv::Vec3b s; //色値
    //画像の宣言(入力画像, HSV画像, 出力画像)
    cv::Mat src_img, hsv_img, dst_img;

    //画像をカラーで入力
    src_img = cv::imread(FILE_NAME);
    if (src_img.empty()) { //入力失敗の場合
        fprintf(stderr, "File is not opened.\n");
        return (-1);
    }

    //色変換 (BGR => HSV)
    cv::cvtColor(src_img, hsv_img, cv::COLOR_BGR2HSV);
    //画像の走査
    for (y=0; y<hsv_img.rows; y++) {
        for (x=0; x<hsv_img.cols; x++) {
            s = hsv_img.at<cv::Vec3b>(y, x);
            //Hmin < H かつ H < Hmax
            if (!(HUE_MIN < s[0] && s[0] < HUE_MAX)) {
                s[0] = 0;
                s[1] = 0;
                s[2] = 0;
                hsv_img.at<cv::Vec3b>(y, x) = s;
            }
        }
    }

    //色変換 (HSV => BGR)
    cv::cvtColor(hsv_img, dst_img, cv::COLOR_HSV2BGR);
    cv::imshow("input", src_img);
    cv::imshow("result", dst_img);
    cv::waitKey();
    //表示
    return 0;
}
```

問4

プログラム例（一部）

```
unsigned char lut[COLOR_NUM]; //ルックアップテーブル
//ルックアップテーブルの生成(4段階)
for (i=0; i<COLOR_NUM; i++) {
    if (i <= 63) {
        lut[i] = 0;
    }else if (64 <= i && i <= 127) {
        lut[i] = 85;
    }else if (128<= i && i <= 191) {
        lut[i] = 170;
    }else{
        lut[i] = 255;
    }
}

//画像の走査
for (y=0; y<dst_img.rows; y++) {
    for (x=0; x<dst_img.cols; x++) {
    //画素値の取得
        cv::Vec3b s = src_img.at<cv::Vec3b>(y, x);
        for (int i=0; i<3; i++) {
            s[i] = lut[s[i]];
        }
        //ルックアップテーブルによるポスタリゼーション
        dst_img.at<cv::Vec3b>(y, x) = s;

    }
}
```

src_img：入力画像，dst_img：出力画像，COLOR_NUM：最大画素値

第3章　ノイズ除去

問1　ノイズ周辺の輝度値の変化が滑らかな結果になり，全体的なノイズが消えたような結果が観測される．

問2　以下の環境の場合の例を示す．

- Macbook Air（13-inch, Mid 2012）
- プロセッサ：2 GHz Intel Core i7
- メモリ：8 GB 1 600 MHz DDR3
- グラフィックス：Intel HD Graphics 4000 1024 MB
- 入力画像サイズ：640×480
- フィルタサイズ：5×5

・実行回数：1 000
・平均化フィルタ：0.0928836 ms
・メディアンフィルタ：0.370017 ms
・速度差：0.2771334 ms，平均化フィルタの方が速い

問 3　ヒント：以下のように n を入力し，平均化フィルタのループを挟めばよい．

```
int i, n;
scanf ("%d", &n); //nの入力
for (i=0; i<n; i++) {
    //平均化フィルタ
}
```

問 4

〈プログラム例〉

```
//画像端
if (x==1) dst_img.at<unsigned char>(y, x-1) = dst_img.at<unsigned
char>(y, x);
if (y==1) dst_img.at<unsigned char>(y-1, x) = dst_img.at<unsigned
char>(y, x);
if (x==src_img.cols-1) dst_img.at<unsigned char>(y, x+1) =
dst_img.at<unsigned char>(y, x);
if (y==src_img.rows-1) dst_img.at<unsigned char>(y+1, x) =
dst_img.at<unsigned char>(y, x);

if (x==1 && y==1) dst_img.at<unsigned char>(y-1, x-1) =
dst_img.at<unsigned char>(y, x);//左上角
if (x==1 && y==src_img.rows-1) dst_img.at<unsigned char>(y+1, x-1)
= dst_img.at<unsigned char>(y, x);//左下角
if (x==src_img.cols-1 && y==1) dst_img.at<unsigned char>(y-1, x+1)
= dst_img.at<unsigned char>(y, x);//右上角
if (x==src_img.cols-1 && y==src_img.rows-1) dst_img.at<unsigned
char>(y+1, x+1) = dst_img.at<unsigned char>(y, x);//右下角
```

第４章　エッジ処理

問 1　動的輪郭モデル Snake．Snake は画像の特徴や求めれる形状などをエネルギーとして扱う手法であり，エッジ検出問題をエネルギー最小化問題として取り扱うことが可能である．

問 2　ヒント：4.3 節のアルゴリズムが書かれているので，参考にして

ほしい．

問3　結果としてはほぼ同じになるが，前者の場合はノイズが除去された後に微分されるため，エッジが全体的にぼける．後者の場合はエッジを検出しておいて平滑化されるため，ノイズ部分のエッジが少し残る．

問4　ヒント：例として以下のフィルタを利用する．

−1	0	0
0	1	0
0	0	0

第5章　二値画像処理

問1　二値画像において1画素の黒白を0および255（8ビット）で表現する場合には，容量圧縮することはできない．0および1（1ビット）で表現する場合には，ファイル格納形式を工夫すれば原理上8分の1に圧縮可能である．

問2　大津の二値化手法は，画素を黒のクラスと白のクラスの二つに分けるためのしきい値を決めた際に，黒クラスおよび白クラスの画素数・平均・分散からクラス内分散およびクラス間分散を求める．その比（クラス間分散／クラス内分散）を分離度としたとき，分離度を最大にするしきい値 t を最適しきい値とする手法である．

問3　クロージング・オープニングを連続して実施する回数で，除去できるノイズ成分のサイズが定まる．このサイズが，本来接続すべきでない隣接画素の距離や削除すべきでない領域サイズを超えていると，誤った領域処理が行われてしまう．

問4　図5.15，図5.16およびその解説文に基づいて，プログラムの処理手順を検討する．

（ヒント）ルックアップテーブルのサイズはラベル毎に不定であるため，動的配列クラスであるC++のvectorを用いると良い．その際，ルックアップテーブルは2次元配列となる．

第6章　画像の空間周波数解析

問1　（ヒント）：コラム（図6.9）参照.

問2　（ヒント）：サンプルプログラム6.1を使う.

問3　（ヒント）：コラム（低周波成分と高周波成分の画像）参照.

問4　（ヒント）：パワースペクトルの配列の高周波成分あるいは低周波成分の値を0に置き換えて，フーリエ逆変換を行う.

第7章　特徴抽出

問1　バーコードやQRコードの読み取り機能（白黒の違いを1次元・2次元特徴として読み取る），銀行ATMなどの生体認証（指紋や静脈のパターンを特徴として読み取る），ゲーム機の身体動作センサ（人の形状を特徴としてその骨格位置を推定する），など.

問2　画像上のノイズや標本化誤差により，パラメータ空間上の投票位置には誤差が生じる．パラメータ空間の刻み幅が細かすぎると，その影響を受けて投票されるセルが分散してしまい，結果として検出漏れが発生しうる．一方刻み幅が大きすぎると，セル分散の問題はなくなるが，推定されるパラメータ精度が低下する.

問3　（ヒント）7.3節の2．コーナー検出における処理手順に基づいて，プログラム内の利用関数と計算式を検討する.

問4　アルゴリズム例：（ノイズ除去・パラメータ調整などを除く）

1. エッジ検出
2. 輪郭追跡
3. 閉曲線となる輪郭のみを選択
4. 閉曲線内部の面積を求める.
5. 面積の小さい順に，閉曲線内部を一つの領域としてラベリングする（すでにラベルが付与されている領域はラベリングしない）.

第8章　画像の幾何変換

問1　平行が維持されるため，平行四辺形となる

問2　（ヒント）：原点に重心をもつ四角形を原点回りに30度回転した後に，x軸方向に5移動した場合と，最初にx軸方向に5移動した

後に，原点回りに30度回転した場合を描いてみるとよい．

問3　（ヒント）：3×3の合成変換行列を定義する．プログラムは，サンプルプログラム8.1参照．

問4　（ヒント）：補間処理は，OpenCVの関数warpAffineの第5の引数を変更する．

第9章　動画像処理

問1　動画像は，多数のフレームによって構成されており，フレーム間の相関が大きいという特徴があり，この点が静止画と大きく異なる．

問2　問1の特徴を利用することにより，フレーム間の物体の動きを追うことが可能になる．これにより，以下のようなことができるようになる．撮影対象物の動きを検出することにより，動画像の中の物体のふるまいを知ることができる．フレーム間の差分を取ることにより，情報量を大きく減らすことができる．

問3　オプティカル・フローの抽出法は，ブロック・マッチング法と勾配法に分けられる．ブロック・マッチング法は，比較的正確なオプティカル・フローを推定することができるが，計算に時間がかかる．勾配法は，比較的短時間で推定できるものの，特別な拘束式が必要となる．

問4　撮影した物体の速度を知る，監視カメラで撮影された動体のふるまいを知る，複数枚の画像の位置を合わせるなどの応用例がある．

問5　MPEG符号化では，1）フォーマット変換，2）離散コサイン変換（DCT），3）量子化，4）可変長符号化，の流れに加えて，逆量子化→逆DCT→動き補償により，情報量を削減している．

問6　MPEG符号では，ブロック・マッチング法と似たような方法を使って，前後のフレームとの間で圧縮率の高まりそうな場所を探して差分処理を行う．そのため，類似した画素パターンを拾いやすくなるので，圧縮率を高めることができる．

問7　Iフレーム（Intra Picture），Pフレーム（Predictive Picture），Bフレーム（Bidirectionally Predictive Picture）のような種類がある．それぞれ，動き補償を行わないフレーム，直後のフレームを使った動き補償を行うフレーム，前後のフレームを使った動き補償を行うフレームである．

第10章　3次元画像処理

問1　探索範囲が水平線上だけでなく，2次元直線上を探索しなければならなくなる．図10.4を参照．

問2　細かなノイズが軽減されるが，視差画像の解像度が粗くなる．

問3　（ヒント）：サンプルプログラム10.1参照．

問4　ノイズの一つの原因として，左右の画像で見えている部分が異なる場合が有る．二つの画像で対応する場所が見つからない場合，本来の位置とは異なる場所を対応点として検出してしまうため，その点がノイズとなる．

付録 OpenCVの使い方

OpenCVとはIntelが開発したオープンソース画像・映像ライブラリ集である．画像入出力をはじめとして，数多くのライブラリが用意されている．本書では，OpenCVの入出力関数などを活用して画像処理の具体例を解説している．また，同等の処理を可能とするOpenCVの関数を囲み記事で説明し，場合に応じて以降の章で活用している．ここではOpenCVを用いるための手順と，OpenCVを用いたプログラムを書くための留意事項に関して説明する．

A.1 OpenCVのインストール（Windows）

Windows上でソフトウェアを開発するための統合開発環境（IDE）にはさまざまな種類が存在している．本節ではVisual Studio上でOpenCVを用いるためのインストール手順に関して解説する．なお，Visual Studioのインストール手順に関しては省略する（執筆時点の最新バージョンはVisual Studio 2015）．

本節では最も簡単なインストール手順として，公式ページのインストーラを用いる．その他にOpenCVのソースコードをダウンロードした後ビルドする手順がある．他の手順に関しては解説している他書もあるので参照されたい．

1.　OpenCV インストーラのダウンロードおよびインストール

OpenCV 公式ページ（http://opencv.org）から右上メニューの OpenCV for Windows を選択する（図 A.1 参照）．格納サイトである sourceforge.net から，最新版のインストーラがダウンロードされる（執筆時点では opencv-3.1.0.exe）．

ダウンロードしたインストーラを起動する．OpenCV の格納先を尋ねられるので，本書では C:¥ と指定する．その場合，C:¥opencv フォルダ配下にすべてのファイルが格納される．

2.　環境変数設定

ここでは Windows 10 を例として説明する．設定から

システム→バージョン情報→システム情報

→システムの詳細設定→環境変数

と進み，システム環境変数で Path を選択する．新規を選択して，OpenCV の実行形式（dll）があるフォルダを指定する．上記フォルダ構成の場合は，C:¥opencv¥build¥x64¥vc14¥bin を記載する（Visual Studio 2015 用のフォルダは vc14）．その後 OK，適用を押して入力内容を反映させる．

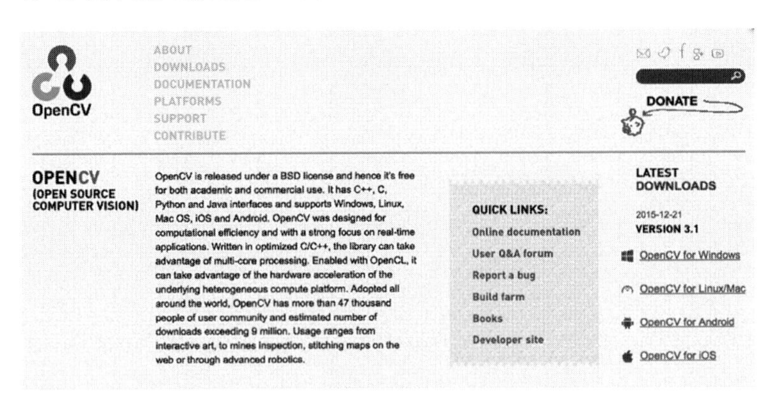

図 A.1　OpenCV 公式ページ

A.2　OpenCV の使い方（Windows）

A.1 でインストールされた OpenCV を Visual Studio で用いるためには，Visual Studio での設定を行う必要がある．本節では，一度記載すればその後はプロジェクト共通で使用可能となる手順を解

説する（ただしこの場合，プロジェクトごとの細かな変更はできない）．

1．プロジェクトの作成

Visual Studio を起動する．ファイル→新規作成→プロジェクトを選択する．Visual C++ の Win32 を選んで，Win32 コンソールアプリケーションを選択する．名前の欄にプロジェクト名を入れて，OK を押す．ウィザードに対しては，そのまま完了を選んでよい．これでプロジェクトが作成される．

2．パスおよびライブラリの設定

作成したプロジェクトが表示されている状態で，表示→その他のウィンドウ→プロパティマネージャを選択する．プロパティマネージャで出現したプロジェクト名をクリックする．Debug もしくは Release を選択した後，Microsoft.Cpp.x64.user を選択して右クリックする．C/C++ を選び，追加のインクルードディレクトリを選択する．編集を選んで，インクルードフォルダを指定する．上記フォルダ構成の場合は，C:¥opencv¥build¥include と記載する．

次にリンカーを選んで，追加のライブラリディレクトリを選択する．編集を選んで，ライブラリフォルダを指定する．上記フォルダ構成の場合は，C:¥opencv¥build¥x64¥vc14¥lib と記載する．OK，適用などで変更を反映させる．

これらの設定を行った後，本体プログラムで OpenCV のヘッダおよびライブラリを指定する．Visual Studio では，プロジェクト作成時のデフォルトヘッダファイルとして stdafx.h が作成される．このファイル内に，例えばサンプルプログラム A.1 のように記載する（ファイル内の TODO コメントの後ろに記載すればよい）．本書各章のプログラム例で記載していた OpenCV のヘッダ情報を，このヘッダファイル内で記載することができる．また，A.1 の手順でインストールされるライブラリには opencv_world310d.lib（Debug 用）および opencv_world310.lib（Release 用）があり，サンプルプログラム A.1 では #ifdef 文を用いて使い分けを行っている．

●サンプルプログラムA.1　ヘッダファイル記述例（Windows）

```
…

#include <opencv2/opencv.hpp>

#ifdef _DEBUG
 #pragma comment(lib, "opencv_world310d.lib")
#else
 #pragma comment(lib, "opencv_world310.lib")
#endif
```

A.3　OpenCVのインストール（Mac）

本書で掲載しているプログラムの多くは，Mac上で作成されている．Macでは統合開発環境としてXcodeを用いることが多い．本節ではXcode上でOpenCVを用いるためのインストール手順に関して解説する．なお，Xcodeのインストール手順に関しては省略する（執筆時点の最新バージョンは7.2.1）．

本節ではインストールのためのツールとしてMacPortsを用いるが，HomeBrewを用いる手順や，公式ページ経由でOpenCVのソースコードをダウンロードした後ビルドする手順もある．Windowsの場合と同じく，他の手順に関しては他書を参照されたい．

1. MacPortsのインストールおよびアップデート

MacPortsのサイト（http://www.macports.org/）からメニューのInstalling MacPortsを選択し，MacのOSバージョンと同じパッケージをダウンロードする．入手したパッケージをダブルクリックしてインストールする（詳しくはMacPortsのサイトを参照）．

以降はターミナルを用いて手順を進める．ターミナルのコマンドプロンプトを$で表す．MacPortsがインストールされているかどうかを，次のコマンドで確認する．

```
$port version
```

"command not found" というメッセージが出る場合，MacPortsへのパスが通っていないことが多い（MacPortsは/opt/local/binにインストールされる）．その際は，例えばホームディレクトリ配下のファイル~/.profileに次の文を追加して設定する．

```
export PATH=/opt/local/bin:/opt/local/sbin:$PATH
```

その上で次のコマンドを実行して，パスを有効にする．

```
$source ~/.profile
```

すでに MacPorts をインストールしている場合，アップデートの有無確認および実施ができる．sudo コマンドを用いて，管理者権限でアップデートを行う（管理者権限のためのパスワードが必要）．

```
$sudo port selfupdate
```

2. OpenCV のインストール

MacPorts で提供される OpenCV の最新バージョンやライブラリの依存関係を確認するためには，次のコマンドを用いる．

```
$port info opencv
```

また，現在 OpenCV がインストールされているかどうかを確認するには，次のコマンドを用いる．

```
$port installed opencv
```

まだインストールされていない場合には

```
$sudo port install opencv
```

でインストールを行うことができる．また，インストールされているがバージョンが古い場合には

```
$sudo port upgrade opencv
```

でアップデートを行うことができる（執筆時点のバージョンは 3.1.0_1）．なお，+contrib をつけて port コマンドを実行することで，OpenCV の拡張ライブラリもインストールすることができる．

A.4　OpenCV の使い方（Mac）

A.3 でインストールされた OpenCV を Xcode で用いるためには，プロジェクト作成時に以下の設定を行う．

1.　パスの設定

プロジェクトの設定画面から Build Setting を選ぶ．Header Search Paths に OpenCV のヘッダファイルが格納されている場所を（デフォルトでは /opt/local/include），同じく Library Search Paths にライブラリ格納場所（デフォルトでは /opt/local/lib）を設定する（図 A.2 参照）．

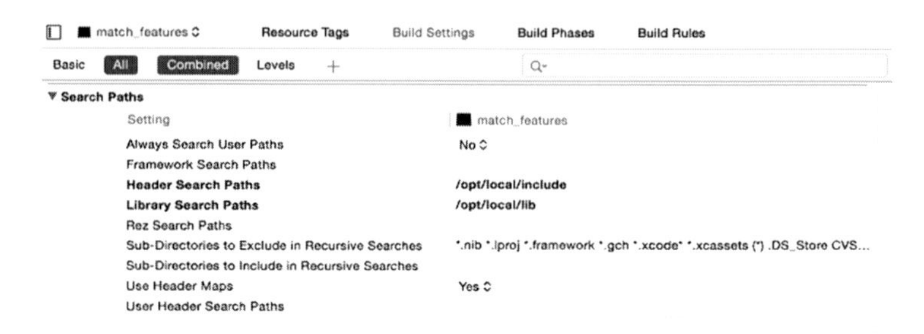

図 A.2　パス設定（Xcode）

2.　ライブラリの設定

同じくプロジェクトの設定画面から Build Phases を選ぶ．Link Binary With Libraries に，必要な OpenCV ライブラリを追加する．頻繁に利用する関数が格納されている core，highgui，imgproc および imgcodecs（OpenCV バージョン 3 から必要）のライブラリを設定し，必要に応じて他ライブラリを追加すればよい（図 A.3参照）．

これらの設定を行った後，本体プログラムで OpenCV のヘッダ

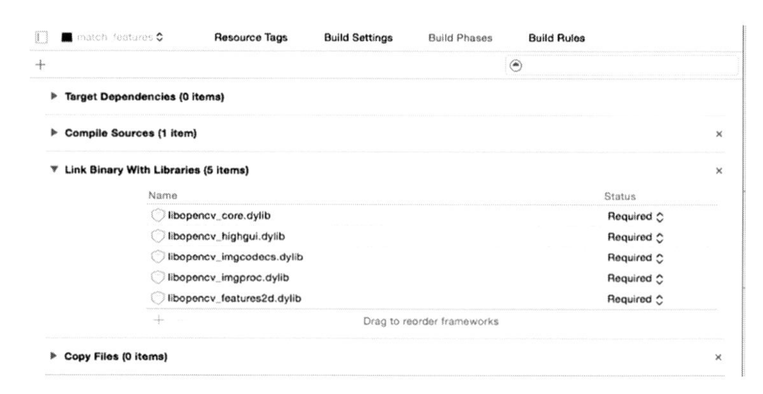

図 A.3　ライブラリ設定（Xcode）

を指定する．名前空間である cv を前置することで，OpenCV の関数や定数を用いることができる．例としてサンプルプログラム A.2 を示す（本プログラムは第 2 章のサンプルプログラム 2.4 と同じ）．

●サンプルプログラム A.2

```
/*** 画像処理サンプルプログラム ***/
#include <iostream>
#include <opencv2/opencv.hpp>

#define FILENAME "/Users/foobar/Pictures/lenna.jpg" // 画像ファイル名

int main(int argc, const char * argv[])
{
    // 画像変数の定義
    cv::Mat img;
    // 画像入力
    img = cv::imread(FILENAME, cv::IMREAD_COLOR);
    if (img.empty()) {  // 画像ファイル読み込み失敗
        printf("Cannot read image file: %s\n", FILENAME);
        return (-1);
    }
    // 位置(x,y)の画素内容を印字
    int x = 100, y = 50;
    cv::Vec3b pixel = img.at<cv::Vec3b>(y,x);
    printf("(x,y)=(%d,%d):(R,G,B)=(%d,%d,%d)\n", x, y, pixel[2],pixel
[1], pixel[0]);
    //画像表示
    cv::imshow("input image", img);
    // 画像出力
    cv::imwrite("newlenna.jpg", img);
    //キー入力待ち
    cv::waitKey(0);
    return (0);
}
```

なお，Xcode を用いずにターミナル上でビルドをしたい場合がある．その場合には以下のコマンドを利用する（下記はプログラムファイルが main.cpp である場合）．

```
$clang++ -o main `pkg-config --cflags opencv`
`pkg-config --libs opencv` main.cpp
```

参考文献

〔参考図書〕

視覚関連

（1） リチャード・L・グレゴリー著，近藤倫明，中澤幸夫，三浦佳世訳：「脳と視覚脳と視覚―グレゴリーの視覚心理学」，ブレーン出版（2001）
（2） 小野　文孝（監修），画像電子学会（編集），河村尚登：「カラーマネジメント技術―拡張色空間とカラーアピアランス」，電機大出版局（2008/7）

画像処理全般

（3） 田村秀行：「コンピュータ画像処理」，オーム社（2002/12）
（4） ディジタル画像処理編集委員会（編集）：「ディジタル画像処理［改訂新版］」，公益財団法人画像情報教育振興協会（CG-ARTS 協会）（2015/8/10）
（5） David A. Forsyth，Jean Ponce，大北剛（翻訳）：「コンピュータビジョン」，共立出版（2007/1/25）
（6） Richard Szeliski，玉木徹（翻訳），福嶋慶繁（翻訳），飯山将晃（翻訳），＆5その他：「コンピュータビジョン―アルゴリズムと応用―」，共立出版（2013/3/8）
（7） -Gary Bradski，Adrian Kaehler，松田晃一（翻訳）：「詳解 OpenCV―コンピュータビジョンライブラリを使った画像処理・認識」，オライリージャパン（2009/8/24）
（8） 小枝正直，上田悦子，中村恭之：「OpenCV による画像処理入門（KS 情報科学専門書）」，講談社（2014/7/18）
（9） 藤本雄一郎，青砥隆仁，浦西友樹，大倉史生，小枝正直，＆2その他：「OpenCV 3　プログラミングブック」，マイナビ（2015/9/29）
（10） 原島博（監修），元木紀雄（編集），矢野澄男（編集）：「3次元画像と人間の科学」，オーム社（2000/4）

(11)　徐剛，辻三郎：「3次元ビジョン」，共立出版（1998/04）
(12)　半谷精一郎，杉山賢二：「JPEG・MPEG完全理解」，コロナ社（2005/09）
(13)　大久保榮（監修），鈴木輝彦（編），高村誠之（編），中條健（編）：「H.265/HEVC教科書」，インプレスジャパン（2013/10）

付録

(12)　北山洋幸：「OpenCV3基本プログラミング」，株式会社カットシステム（2016/5）

〔参考文献〕

第2章　デジタル画像

1）Wikipedia “Flat-screen televisions for sale at a consumer electronics store”
2）Wikipedia “ファイル：Akihabara UDX Vision 2013-12. jpg”, by shampoorobot-投稿者撮影，GFDL-no-disclaimers

第4章　エッジ処理

1）J. Canny: “A Computational Approach To Edge Detection”, *IEEEE Trans. Pattern Analysis and Machine Intelligence,* Vol. 8, Issue 6, No. 679-698（1986）

第7章　特徴抽出

1）C. Harris and M. Stephens: A combined corner and edge detector, Proc. of the 4th Alvey Vision Conf., pp. 147-151（1988）

第9章　動画像処理

1）ISO/IEC 10918-1：Information technology-Digital compression and coding of continuous-tone still images（1994）
2）ISO/IEC 13818, Generic coding of moving pictures and associated audio information（1994）
3）ISO/IEC 14496, Final Draft International Standard MPEG-4（1988）
4）ISO/IEC 14496-10, Final Draft International Standard MPEG-4 Part 10 Advanced Video Coding（2004）

索　引

サ　行

タ　行

ナ　行

ハ　行

マ　行

ラ　行

英数字

〈著者略歴〉

堀越　力（ほりこし　つとむ）

1987年　慶應義塾大学大学院理工学研究科修士課程修了
1995年　博士（工学）
現　在　湘南工科大学工学部情報工学科教授
（担当箇所：1章，6章，8章，10章，11章11.1）

森本正志（もりもと　まさし）

1988年　京都大学大学院工学研究科情報工学専攻修士課程修了
2005年　博士（情報学）
現　在　愛知工業大学情報科学部情報科学科教授
（担当箇所：2章2.1～2.2，5章，7章，11章11.2，付録）

三浦康之（みうら　やすゆき）

2002年　北陸先端科学技術大学院大学情報科学研究科博士後期課程修了
博士（情報科学）
現　在　湘南工科大学工学部情報工学科准教授
（担当箇所：9章，11章11.3.2～3）

澤野弘明（さわの　ひろあき）

2009年　早稲田大学大学院情報生産システム研究科博士後期課程修了
博士（工学）
現　在　愛知工業大学情報科学部情報科学科准教授
（担当箇所：2章2.3～2.4，3章，4章，11章11.3.1）

IT Text
画像工学

2016年　12月　25日　　第1版第1刷発行
2023年　7月　10日　　第1版第5刷発行

著　者　堀越　力・森本正志・三浦康之・澤野弘明
発行者　村上和夫
発行所　株式会社 **オーム社**
郵便番号　101-8460
東京都千代田区神田錦町3-1
電話　03(3233)0641(代表)
URL　https://www.ohmsha.co.jp/

印刷　美研プリンティング　　製本　協栄製本
ISBN978-4-274-22007-4　Printed in Japan